在输得起的年纪，遇见不服输的自己

ZAISHUDEQI
DENIANJI
YUJIANBUFUSHU
DEZIJI

潘鸿生——编著

新华出版社

图书在版编目（CIP）数据

在输得起的年纪，遇见不服输的自己 / 潘鸿生编著
. -- 北京 : 新华出版社 , 2019.8
ISBN 978-7-5166-4827-8

Ⅰ . ①在… Ⅱ . ①潘… Ⅲ . ①成功心理–通俗读物
Ⅳ . ① B848.4-49

中国版本图书馆 CIP 数据核字 (2019) 第 185104 号

在输得起的年纪，遇见不服输的自己

编　　著： 潘鸿生

责任编辑： 孙大萍　　**封面设计：** U+Na 工作室

出版发行： 新华出版社
地　　址： 北京石景山区京原路 8 号　　**邮　　编：** 100040
网　　址： http: //www.xinhuapub.com
经　　销： 新华书店、新华出版社天猫旗舰店、京东旗舰店及各大网店
购书热线： 010-63077122　　**中国新闻书店购书热线：** 010-63072012

照　　排： 博文设计制作室
印　　刷： 永清县晔盛亚胶印有限公司

成品尺寸： 145 mm × 210mm　1/32
印　　张： 7　　**字　　数：** 150 千字
版　　次： 2019 年 9 月第一版　　**印　　次：** 2019 年 9 月第一次印刷

书　　号： ISBN 978-7-5166-4827-8
定　　价： 38.00 元

前　言

漫漫人生路，没有一帆风顺，成功是我们一直渴望的，也是我们一直想追求的，但是，成功并不是那么的容易达成，任何事情，没有辛苦的付出，就难有长久的回报，成功也是一样。

在通往成功的道路上，我们可能要经受各种各样的磨难和考验，要承受各种意想不到的困难和挑战，眼前的失败只是成功的垫脚石，只要你不认输，失败就不是定局。巴尔扎克曾在自己的手杖上刻下这样一句话：“我粉碎了每一个障碍。”正是这种大无畏的勇气和坚持不认输的毅力，才使他在坎坷的人生路上开辟了一条不平凡的成功之路。所以，不要因为艰难险阻就“认输”，这样的话你永远只能原地踏步甚至倒退，反之，你一路向前，无畏困难与挫折，世界也会为你让步。

谁的成功不带伤？失败并不等于放弃，放弃却等于失败。马云说：“我不知道什么叫成功，但我知道什么叫失败，那就是放弃，只要你不放弃，你就有希望，你就有成功的可能！”

人只要坚持心中的梦想，以坚强的意志力迎难而上，不在挫折面前认输，就有希望战胜挫折，超越自我，找到成功的机会。

在这个世界上，只要自己不认输，就没人能够打败你。英国诗人拜伦曾说过：“无论头上是怎样的天空，我都能够承受任何的风暴。”一个人如果没有承受风暴，坚持到底不服输的勇气，又怎能顺利穿越人生的艰难险阻，到达成功的彼岸？只有不服输的毅力才能产生源源不断的动力和能量，才能帮助我们披荆斩棘，越过重重阻碍，最终到达成功之巅。

人生之路虽然不会一帆风顺，但是，只要我们不认输，一步步勇敢、坚毅地走下去，不抛弃，不放弃，总会有成功的那一天。所有的成长都是踩踏着满地的错误来实现，受得起多大的压力，就配拥有多少的财富，这一秒不放弃，下一刻才有希望。

路，总是给不服输的人铺设的。轻易认输的人，不会在人生的路上走得太远。成功没有你想象的那么难，只要你有不服输的胆魄，有坚持到底的勇气，就一定能闯出一片属于自己的天地。记住：不服输、不怕输是你最大的资本，不抛弃、不放弃是你最大的底气。

本书是一本充满斗志和积极向上力量的暖心读物，书中用各种生动的例子讲述了这样的道理：在输得起的年龄，做一个不服输的自己。不服输，一切皆有可能。

不管你的处境多么艰难，不管你的前进之路几多坎坷，只要你不服输，用心努力，都可以活成自己想要的样子。

最后，愿曾经的咬紧牙关，终让你拥有轻松笑颜。愿你度过坎坷艰难，终与想要的生活撞个满怀。

目 录

第一章 熬得住出众，熬不住出局

走出山重水复的困境，总有柳暗花明 003
每次跌倒，都给你一往无前的力量 006
逆境并不等于绝境，逆境更利于人的成长 010
你曾经吃的苦，都会成为你将来的福 013
不惧怕任何挫折，活出强者气势 019
只有经风雨，才能见世面 024

第二章 怕，你就输一辈子

意志不坚定的人，往往最先倒下……031
直面恐惧是战胜恐惧的第一步……035
打破自卑的外壳，你将收获整个天空……040
敢于冒险的人生具有无限可能……043
不畏不惧，人生就不会输……047
你若勇敢，成功才会离你越来越近……052

第三章 你未来的样子，藏在你现在的努力中

梦想有多远，就能走多远……059
没成功？只是缺少一点野心……064
拼爹不如拼实力，靠人不如靠自己……068
当才华配不上梦想时，唯有努力学习……070
要成功，你必须有强大的自信心……074

一勤天下无难事，一懒世间万事休………078

第四章 现在就去做，人生没有太晚的开始

光说不练没有用，行动才是王道………085
现在的拖延，都是对未来的挥霍………089
不但要有成功的想法，还得为了圆梦采取行动………093
犹豫不决，成功的机会就会溜走………096
只要你想，一切皆有可能………100

第五章 与其用泪水悔恨昨天，不如用汗水拼搏今天

如果你知道自己去哪，世界都会为你让路………107
所谓的“大人物”，都是“小人物”不断进取的结果………111
一次只做一件事，一次做好一件事………115
每天多做一点，你会离成功更近一点………119
做任何事都成功的人，只因他们有无限的热情………124

在输得起的年纪，遇见不服输的自己

眼泪不是答案，拼搏才是选择……………………128

第六章 生活中的煎熬，都是为了磨炼我们成为更优秀的人

人生路上每一次艰难，都是对未来的铺垫……………………135
学会适应环境，成就最好的自己……………………139
生活从来不会亏待熬得住的人……………………143
斩断自己的退路，才能更好地赢得出路……………………146
人无压力轻飘飘，井无压力不喷油……………………149
人可以绝望，但不能没有希望……………………154

第七章 成功无捷径，总要慢慢熬

浮躁，是成功路上的绊脚石……………………161
耐得住寂寞，成得了大事……………………164
胖子不是一口吃成的，罗马也不是一日建成的……………………170
雄心的一半是忍耐，成功的一半是等待……………………174

不管别人是否欣赏，都要坚守自己的信念 178

给自己的鼓励是最大的动力 183

第八章 在输得起的年纪，遇见不服输的自己

唤醒你的潜能，生命就有另一种可能 191

不断挑战自我，超越自我 194

改变不了事情，你可以改变态度 198

人生最灰暗的时刻，是你放弃自己的那一刻 202

世人缺乏的是毅力，而非气力 205

坚持到山穷水尽，终迎来柳暗花明 209

第一章 熬得住出众，熬不住出局

走出山重水复的困境，总有柳暗花明

在人的一生中，不可能事事顺利，困难和挫折随时都有可能发生。当困难出现时，我们不要悲观绝望，自暴自弃；也不要唉声叹气，自认倒霉；更不要怨天尤人，诅咒命运。而应该在厄运和不幸面前，不屈服，不后退，不动摇，顽强地同命运抗争；在重重困难中冲开一条通向胜利的路，成为征服困难的英雄，掌握自己命运的主人。

1990年，19岁的他参军当了一名伞兵。在部队里，他的辛勤工作受到部队领导和战友的肯定和表扬。

两年后，在一次排除炸弹的行动中，他不小心引爆了炸弹。一场巨响过后，他倒在了血泊中。当战友跑过来后，发现弹片撕开了他的肚子，左胳膊骨折，骨盆有18处粉碎，膝盖以下全都炸掉了。值得庆幸的是，经过紧急抢救，他终于保住了性命。当他睁开眼睛看到自己的样子时，他痛苦万分，他拉着最亲密的战友哀求："求求你，求求你一枪打死我吧。现在这个样子，活着没有任何意义，我想还是死了算了……"战友看着安慰了他几句，含泪退出去了。

在接下来的四年里，他不断接受着各种康复手术，可身上残废的地方依然没有根治。命运似乎在对他开了个玩笑，总是给无数次给他希望，又无数次让他失望。后来，他安装了假肢，可以试着行走了。他想："既然生命选择了我，我就要勇敢地活下去。虽然我一生再也不会像正常人那样行动，但我依然要享受生活。对，享受生活，这也许就是生命的意义吧。”于是，他开始变得乐观起来，每天跑步、登山和滑雪等，在不断在运动中享受着快乐与刺激。

2000年，在一次慈善的募捐活动中，他又试着跳了一次伞。虽然这次只有40秒，但他却在跳伞中感受到了一种久违的亲切。在天空飞翔的那一刻，他感觉自己与健全人没什么两样。从此，他每天都练习跳伞。一年下来，他跳伞的次数达到了700多次，技术较之于以前更加娴熟了。另外，他还结识了一个同样喜欢跳伞的女孩并同她结了婚，而且他们的婚礼也是在空中举行的。

2003年，他参加了跳伞比赛，并轻松夺冠。他在接受采访的时候说：“这次比赛让我感觉自己是个有用的人，我渴望战胜任何对手。”

在这之后的几年中，他练习得更加卖力了。

2010年英国自由式跳伞比赛中，39岁的他战胜了所有对手成功获得冠军。

他的名字叫阿利斯泰尔·霍奇森，是一个从不幸中重新站起来的人。他征服了天空，成为了跳伞运动中最优秀的运动员。他曾深情地说：“我很庆幸自己能够获得今天的成绩。我想告诉那些对生命失去信心，对人生不抱任何希望的人，不管多遭受少打击与不幸，只要没有失去勇气，只要抱着一颗快乐而平静的心去奋斗，去争取，你总有一天会获得成功。”

我们知道，人生之路，就是不断的战胜困难和面对考验的路。虽然困难总是让人痛苦的，人们更是不愿遇到困难，但是通过困难的磨练也的确会使人变得成熟，从这个角度讲，困难又不是一件坏事。可以说，困难是磨砺人生的基石，只有在困难面前毫无怯意，经过艰苦的磨炼，才能成就伟大的事业；而那些面对困难胆怯、畏缩、逃避的人，是不会有所建树的，更谈不上有何惊人的业绩了。所以，当困难降临时，我们就不该逃避、不该抱怨，而应该以坦然、积极乐观的态度对待困难，最终战胜困难。

在日本，有一家专为伤残人士设计和生产服装的公司。公司的老板是一位叫木下纪子的妇女，过去她曾管理过两个室内装修公司，并且小有名气。可是，正当她在选定的道路上迅速发展的时候，不幸降临到她的头上，她突然中风，半身瘫痪了，连吃饭穿衣都难以自理。当她从极度的痛苦中摆脱出来，清醒思考的时候，她问自己：这辈子难道就这样了结了吗？不！必须振作起来。穿衣服这件事虽然是个小事，但又是每天都遇到的事情，对一个残废人来说又多么重要啊！难道就不能设计出一种供伤残人容易穿的衣服吗？

这个突如其来的新的念头，让她顿时兴奋起来。她忘记了自己的痛苦，甚至忘记了自己是一个左半身瘫痪的人。

于是，木下纪子根据自己的设想加之以往管理的经验，办起了世界第一家专门为伤残人设计和生产服装的服装公司，并将其命名为“独立”公司。“独立”这个字眼不仅向人们宣告伤残人的志愿和理想，同时也说出了木下纪子自己的心声：她要走一条独立自主的生活道路。

木下纪子按残废人的特点及心理，设计出适合伤残人穿的服装。独立公司开张后生意日益兴隆，有时一个季度就可销售五万多美元的服装。由于她事业上的成功，在日本这个以竞争著称的国家，竟得到了十家不同行业的支持，木下纪子还准备把她的产品打入国际市场。她的这一计划不仅得到日本政府的支持，同时也得到了外国友人的帮助，她和一家美国同行组成了一个合资公司。

木下纪子为公司的发展呕心沥血，走过了漫长的路。她向一位来访者宣称：为伤残人生产产品固然重要，改变伤残人的形象更重要。尽管我们的身体残废了，但我们的精神并没有残废。我所做的就是想让人们看到我们伤残人不但生活得非常有朝气，而且也同样是生活中的强者。

没有什么困难是战胜不了的，木下纪子的成功恰恰说明了这一点。困难并不可怕，可怕的是不能以正确的态度面对困难，在困难中使人倒下的往往不是困难本身，而是消极悲观的态度，是缺乏战胜困难的勇气和信心，是没有坚强的意志。

一位哲人说过：一个人绝对不可在遇到困难时，背过身去试图逃避。若是这样做，只会使困难加倍。相反，如果面对它毫不退缩，困难便会减半。

在人生的旅途上，遇到各种各样的困难是在所难免的。面对困难，是想方设法战胜它，还是绕道走？勇敢者的选择只能是前者。因为只有勇敢地战胜困难，我们的人生才有意义，我们的事业才能成功。

每次跌倒，都给你一往无前的力量

在人生道路上，每个人都希望获得成功，避免失败和挫折。

因为成功意味着你在这优胜劣汰的环境中证明了自己的强大，而失败和挫折则会带来失望和沮丧。但是，人的一生中，无时无刻不伴随着成功与失败，而且失败和挫折往往多于成功，成功常常又是从失败和挫折中发展出来的。可以说，失败和挫折是通向成功的途径。

巴塞罗那是西班牙的一个港口城市。在那里，有一家世界闻名的造船厂，这个造船厂已经有1000多年的历史。每次船厂生产出一艘船舶，都要依照其原貌再打造一个小模型留在厂里，并把这只船出厂后的命运刻在模型上。厂里有房间专门用来陈列船舶模型。因为历史悠久，所造船舶的数量不断增加，所以陈列室也逐步扩大，从最初的一间小房子变成了现在造船厂里最宏伟的建筑，里面陈列着将近10万只船舶的模型。

当人们走进这个船舶陈列馆，无一不被那些船舶模型上面雕刻的文字所震慑。有一只名字叫西班牙公主号的船舶模型上雕刻的文字是这样的：本船共计航海50年，其中11次遭遇冰川，有6次遭海盗抢掠，有9次与另外的船舶相撞，有21次发生故障抛锚搁浅。每一个模型上都是这样的文字，详细记录着该船经历的风风雨雨。在陈列馆最里面的一面墙上，是对上千年来造船厂的所有出厂的船舶的概述：造船厂出厂的近10万只船舶当中，有6000只在大海中沉没，有9000只因为受伤严重不能再进行修复航行，有6万只船舶都遭遇过20次以上的大灾难，没有一只船从下海那一天开始没有过受伤的经历……

现在，这个造船厂的船舶陈列馆，早已经突破了原来的意义，它已经成为西班牙最负盛名的旅游景点，成为西班牙人教育后代获取精神力量的象征。

这正是西班牙人吸取智慧的地方：所有船舶，不论用途是什么，只要到大海里航行，就会受伤，就会遭遇灾难。

其实，我们的人生就如同大海里的船舶，随时都可能经历风浪，没有不受伤的船，也没有不经历磨难的人生。我们不应该面对挫折和失败，一味地怨天尤人和自暴自弃，而是应该鼓起勇气，勇往直前。

有一位知名的作家说："失败应成为我们的老师，而不是掘墓人；失败是暂时耽误，而不是一败涂地；失败是暂时走了弯路，而不是走进死胡同。"如果你能这样看待失败，你就能轻装前进，最终战胜失败，获得成功。

在通往成功的道路上，任何一个人的发展之路，都不会是完全笔直的，都要走些弯路，都要为成功付出代价。成功者也会失败，但他们之所以是成功者，就在于他们失败了以后，能够从失败中总结出教训，并从失败中站起来，发奋上进，于是，成功就接踵而来。

日本"九井"公司是一家经营信用卡业务的公司。20世纪60年代，该公司社长应邀请去美国作商业考察。他发现美国的"超级市场"很兴旺，其集生活日用品于一处，任人选购的销售方式与销售业绩，使他产生"在日本开一家超级市场"的新构想。于是，回国后立即付诸行动，在他经营信用卡的公司六七楼开办了"生活日用品超级市场"，并启动他的全部经营手段经营。然而开办一年多后，不但没有赚到钱，反而亏了大本，赤字3000万日元。

面对这次失败，该社长没有悲观失望，更没有怨天尤人，而是进行了认真地反思，从而找出了失败的症结。他发现，开拓新领域必须要谨慎。第一，要懂行。他们原来经营生活日用品不懂行，又经营信用卡业务，因此就吃了大亏。第二，“追二兔者不得一兔”。在他们经营生活日用品时，分出了40名年轻力壮的管理人才，使他们原来生意兴旺的信用卡业务受到损失，结果两种经营都没搞好。第三，要选择好经营地点和需求。他的超级市场卖生活日用品，开在六七楼，又没电梯。许多人不愿意为了买一二种蔬菜、鱼肉或日用品而上楼。第四，当发现有问题时，应当立刻“刹车”。该公司在六七楼，经营三个月没有生意，明知是错的决策，社长为面子一还独断专行，又在平地另开了两个“生活日用品超级市场”，结果花费越来越大，生意也不好，赤字增大。经过这一番深刻地检讨与反思，他们调整了经营部署，果断退出了他们不熟悉的生活日用品经营业，继续拓展信用卡业务，最终成为日本一家规模庞大的公司。

失败是任何人都不愿意看到的事情，但是，在很多时候，这也是难以避免的事情。出现失败后怎么办？如果你因此灰心丧气，悲观失望，则只能坐以待毙，一事无成；如果你能从失败中汲取教训，总结经验，这条路不行走那条路，这种方法不行用那种方法，你就一定能够走出失败的阴影，迈向成功的目标。

失败是迈向成功的阶梯，任何成功都包含着失败，每一次失败是通向成功不可跨越的阶梯。那种经常被视为是“失败”的事，实际上常常只不过是“暂时性的挫折”而已。这种失败又常常是一种幸福，是生活赐予我们的最伟大的“礼物”，因为它使人们振作起来，调整我们的努力方向，使我们向着更美好的方向前进。看起来像是“失败”的事，其实却是一只看不见的慈祥之手，阻挡了我们的错误路线，并以伟大的智慧促使我们改变方向，向着对我们有利的方向前进。

每一次当我们做出尝试但没有成功时，不必太在意，至少我们可以从中学到一些东西而有助于完成最终的目标。当你试过一种方法但却行不通时，换另一条路走。你若是能认为挫折只不过是经验的学习，那么你一生中成功的次数将远远胜过失败。

逆境并不等于绝境，逆境更利于人的成长

古今中外的成功者或杰出人物，没有一个是一帆风顺走向成功的。在困难和失败面前，他们无不是选择了发愤图强之路，一个个奋起与人生的逆境抗争，紧紧扼住命运的咽喉，做生活的强者，通过自己的艰苦奋斗，最终迎得命运的青睐。

人总是在逆境中不断成长，因为只有在困难中才会发现自己身上的瑕疵，从而完善自我。李嘉诚曾说过：一个人只有面对和忍受逆境的痛苦，这个人成功的机遇才能表现出来。

逆境，是促使人奋发向上的动力，是锻炼一个人意志的火炉。俗语说："逆境是检验强者和弱者的试金石，也是造就英雄和豪杰的先决条件。"这句话是说，如果一个人能够在逆境中脱颖而出，那么这个人就一定有卓越的成就。也就是说，任何人在逆境中只要不怕不舍，奋勇前进，就可以成才。

许多人要是没有遇到逆境，他们是不会发现自己真正的强项的。他们若不是遇到极大的挫折，不遇到对他们生命巨大的打击，就不知道怎样焕发自己内部贮藏的力量。

当一名记者问美国前总统威尔逊是否理解什么是贫穷时，这位总统向记者讲述了一段他自己的故事："我10岁时就离开了家，当了11年的学徒工，每年接受一个月的学校教育。在经过11年的艰辛工作之后，我得到了1头牛和6只绵羊作为报酬，总价值84美元。21年来，我从来没有在娱乐上花过1美元，每个美分都是经过精心算计的。我完全知道拖着疲惫的脚步在漫无尽头的盘山路上行走是什么样的痛苦感觉，我不得不请求我的同伴们丢下我先走……在我21岁生日之后的第一个月，我带着一队人马进入了人迹罕至的大森林，去采伐那里的大原木。每天，我都是在天际的第一缕曙光出现之前起床，披星戴月的回家。在一个月夜以继日的辛劳努力之后，我获得了6美元作为报酬，当时在我看来，这可真是一个大数目啊！每个美元在我眼里都跟今天晚上那又大又圆、银光四溢的月亮一样。"

在这样的穷途困境中，威尔逊下决心，不让任何一个可以改变这种境遇的机会溜走。他像抓住黄金一样紧紧地抓住了零星的时间，不让一分一秒被毫无意义地浪费掉，在他21岁之前，他已经设法读了1000本好书——想想看，对一个农场里的孩子，这是多么艰巨的任务啊！面对逆境，威尔逊没有失望，没有放弃，最后，他成功了。一位贫苦人家的孩子竟当上了美国总统，这是多么令人赞叹和惊讶的事情！

没有人一生都是一帆风顺，任何一个人随时都会遇到逆境。英国哲学家培根说过："超越自然的奇迹多是在对逆境的征服中出现的。"关键的问题是应该如何面对逆境。当逆境降临到你的人生门口，以怎样的心态对待它，便成了人生归宿的契机。

逆境给人才成长制造困难，形成压力和压抑，使人才成长备受挫折。但是，正如《菜根谭》中所说："居逆境中，周身皆针贬药石，石氏节砺行而不觉；处顺境时，眼前尽兵刃戈矛，销膏糜骨而不知。"久处顺境，易生骄奢淫逸和惰性。而人在身陷逆境时，资源匮乏，精神压抑，成功欲望迫切，成才动机强烈，因此常常能够取得在顺境中难以取得的巨大成功。事实正是如此，豪门子弟多不成器。而出身贫寒者始终处于忧患之中，逆境使人别无选择，逆境给人很大压力，而压力能激发出强劲动力。

安徒生是一个穷苦鞋匠的儿子，小时候，他不仅经常和饥饿打交道，同时还处处遭到人们的鄙视。但他却有一个在当时被认为是与他出身不相称的、"异想天开"的志向——他想当一个艺术家。但是家里很穷，请不起老师。于是，父亲就亲自给他上课，教他哲理，让他懂得了世间情怀，懂得了怜悯，也懂得了写作。11岁时，父亲病逝了，酷爱文学的他，独自一人来到丹麦首都哥本哈根，开始了在艺术领域的拼搏生涯。终于，在一次偶然的机会中，他的才华释放了出来，获得了免费就读的机会，这对于一个家境贫寒的青年是一次多么难得的机会！ 5年后，就在1828年，他升入了哥本哈根大学。毕业后始终没有工作，主要靠稿费维持生活。1835年，30岁的安徒生开始写童话，出版了第一本童话集，仅61页的小册子，内含《打火匣》、《小克劳斯和大克劳斯》、《豌豆上的公主》、《小意达的花儿》共四篇。但作品并未获得一致好评，甚至有人认为他没有写童话的天分，建议他放弃，但安徒生说："这才是我不朽的工作呢！"

从此，他开始专注于童话创作。一篇又一篇的优秀作品接连不断地问世，事业一次次达到高峰，但他的生活却一直处于低谷。他的一生都是在逆境中度过的，自幼贫穷，早年丧父，终身未娶，贫穷，孤独，悲痛的窘境无时无刻不在伴随着他；也可以说，他的一生都是在顽强的拼搏中度过的，他不断地与命运周旋，抗争着。他的作品为世间带来了一丝温暖，为孩子们带来了幸福与欢乐，自己生活在寒冷的冬天也在所不惜。

面对逆境，沮丧、灰心、绝望地悲叹命运不公都无济于事。在逆境中，我们要保持一颗乐观向上的心，坦然面对失败，从现在开始，凭借自身有的力量，挑战生活，挑战逆境，我们相信，任何困难和艰险都不会阻止我们迈向成功的脚步。只有历经磨难，才能到达巅峰，才能看到最美的风景，逆境不可怕，可怕的是没有挑战逆境的勇气。只有认真、努力地对待逆境，它才会变成一条蜿蜒的小路将我们导引向成功的殿堂。

你曾经吃的苦，都会成为你将来的福

在人漫长的一生中，或多或少都会经历苦难，人是从苦难中成长起来的。有人说：“一时的苦难是上天赐予的，一世的苦难是自找的。”关键是苦难面前你会用什么样的心理特质来面对，如果你内心足够强大，那么你就能善待苦难，忍受苦难，超越苦难，最终成为人们羡慕的成功者。

伟大人物无一不是由苦难而造就的。苦难是一种财富，是对人生的一种考验。法国作家巴尔扎克说过：“苦难对于天才是一块垫脚石，对能干的人是一笔财富，对弱者是一个万丈深渊。”思想家孟子也曾说过：对于要做一番事业的人，一定要经受吃苦的锻炼，这样才会提高本领、磨炼意志。

虽然每个人都不希望苦难降临在自己身上，然而苦难却不偏不倚地降临在每个人的身上。没有苦难的人生是不完美的人生，就像没有风雨的天空就是不完整的天空一样。一个著名成功人士说：“生前没有经历困难的人，他的生命是不完整的。”

香港富豪霍英东出生时，家里穷得无法形容，苦得难以言述。在苦难中长大成人的他，进入社会后的第一份工作是在一艘旧式的渡轮上做加煤的工作，做了不久便被老板炒了鱿鱼。

霍英东天资聪颖，人又勤奋，为什么会被解雇呢？原因是他家贫穷，长期营养不良，体重只有90多斤，瘦骨嶙峋，根本无法负荷日以继夜的体力劳动。他后来回忆说：“早上时体力还可以，但到了晚上我就感到身心疲惫不堪。我当时一日三餐，都是吃不饱的。”

后来，霍英东在启德机场当苦力，每天有七角半工资及半磅米配分。他说：“为了省钱，每天清晨5时就由湾仔步行至天皇码头，坐一角钱船过九龙，再骑脚踏车往启德机场。”可是由于体力不足，他在扛货时，一只手指被压断了。

工头看他可怜，便安排他做修车学徒。但他爱好冒险，擅自驾车，不小心撞上了另一部货车，于是又被解雇了。此后，霍英东曾应征做铁匠，却因为太瘦弱而没有成功；于是便上船做装钉的工作，但很快再次被炒鱿鱼；接下来，他又到太古糖厂做制糖的工作。

一次又一次的苦难，并没有击垮霍英东，而是磨炼了他的意志，培育了他的坚强。将近而立之年时，他终于时来运转，在短短几年间就发了一大笔财。不久，他又向地产业进军，并参与航运业、娱乐业经营，终于跻身华人超级富豪的行列。

霍英东在发达之后，仍然不改“吃苦”的本色。他不抽烟、不喝酒，从不喜欢吃得过饱，主粮是芋头和粟米，每天都坚持游泳。现在虽然已到了耄耋之年，他依旧腰板挺直、行动敏捷，双目炯炯、精力过人。

苦难是人生最好的老师。人生只有经受过苦难，思想才会受到锤炼，灵魂才会得到升华，意志才能得到坚强，才能真正认识人生，从而实现人生的最大价值。

《百家讲坛》两位名嘴于丹和康震说过这样一句话：“苦难是滚水，但我们可以将它煮成一杯香茶。”这个比喻跟现实很贴切，它道出了苦难对于我们的意义：苦难是放在手中的一杯滚水，它能否成为一杯香茶，关键在于你往里面添加什么佐料。

没有经历痛苦洗礼的飞蛾，脆弱不堪。人生没有痛苦，就会不堪一击。正是因为有痛苦，所以成功才那么美丽动人；因为有灾患，所以欢乐才那么令人喜悦；因为有饥饿，所有佳肴才让人觉得那么甜美。正是因为有痛苦的存在，才能激发我们人生的力量，使我们的意志更加坚强。瓜熟才能蒂落，水到才能渠成。和飞蛾一样，人的成长必须经历痛苦挣扎，直到双翅强壮后，才可以振翅高飞。

林兰是一名由知青成长起来的女心理学家，她创办的国际咨询有限公司是国内首家心理咨询机构，为国家培养了大批专业人才。林兰的成功，始终伴随着磨难的身影。也正是这种人生的磨炼，让她更成熟，更坚强，从而更成功。

1968年，初中毕业的林兰从上海上山下乡来到与前苏联一江之隔的黑龙江省萝北县，成了黑龙江生产建设兵团的一名知识青年。地域的巨大差异以及由于家庭成分不好而受到的歧视使林兰的处境异常艰难。但这个特别要强的女孩子，没有被环境击垮，她在心底叮咛自己：越是出身差，越是要干好，不然一辈子都没有抬起头来的一天。

收割玉米的季节，地里寒风刺骨，林兰起早贪黑，天天泡在地里，目的只是多掰几个玉米棒子，即使生病也不退缩：80公斤的粮包，全团没几个女知青能扛起来，而此前从未干过重体力活的林兰，咬着牙扛起了粮包，而且毫不比男知青逊色……

这些刻意的磨炼，不光练就了她强健的体魄。更练就了她钢铁一样的意志，让她在经历一些今天看来难以承受的苦难时，宛若寻常。

“珍宝岛事件”前夕，林兰被调到一片原始森林里修筑战备公路，熊吼虎啸虽然使人胆战心惊，但更麻烦的却是蚊子。如果无意间裸露出的一块皮肤觉得痒时。一巴掌下去，拍死的蚊子最少也有四五十只；吃饭时不戴皮手套，蚊子的叮咬，让手里端的碗十有八九会摔到地上；最难办的事是解决“内急”，人们对蚊子是望而生畏，后来大家想了个办法：在树的顶端修建一座厕所，那里蚊子难以企及。此后，在整个修路期间，林兰每天都为上厕所不得不爬木梯。在林兰的回忆中，修路过程不单单是艰辛和寂寞，更多的则是她对世事的理解和感悟。

千辛万苦走过，都是人生磨炼。黑龙江的14年，对于林兰来说，是永远不会磨灭的记忆、体验和积累，包括读师范、考大学、当老师。此后每逢选择或挫折，东北的那段历程都会让她底气十足。

1986年，已从东北师大毕业分配到上海社科院工作了4个年头的林兰，为了一个并非十分清晰的目标，托关系、找朋友，在毫无保障的情况下，走进了美国纽约市立大学。刚到美国，纽约并没善待她这个远方的来客。出了机场大门，很不熟练的英语就给了30岁出头的林兰当头一棒。好不容易找到栖身之处，又发现兜里的钱只剩几十美元，吃饭问题要解决，每学期2000多美元的学费也迫在眉睫……

经过磨难洗礼的林兰再次选择了坚强和拼搏。街道边有台湾夫妻开的一间饺子铺。这引起了她的注意。她琢磨，这也许是个机会，然后就走进店里，对老板说她需要一份工作。老板问她会不会包饺子，她拿出当知青时练就的手艺当场就包了几个。老板见她包得又快又好。造型上还极富创意，马上就决定要了她。从此，林兰开始了她在美国的第一份工作——包一个水饺，赚两美分。

纽约的冬天滴水成冰，路面上未及时清扫的雪很快就结成薄冰。一天晚上，林兰离开饺子铺已是时近午夜，她快步行走在空寂无人的大街上，思绪万千。突然，脚下一滑，还没反应过来，她已经躺在人行道上。而脚脖子也痛得失去了知觉。环顾四周，除凄冷的风没有一个人影或车灯。她试着活动一下腿脚，钻心的痛楚让她冒出一身冷汗，她想一定是腕部骨折了。她想等人来帮，但很久以后大街上还是她一个人；躺在这里，肯定会冻死。她爬到一盏街灯旁边，扶着灯柱，咬着牙把那条伤腿拎了起来，然后轻轻地落地，然后慢慢站起身来，然后试着挪步。一步一抽气。一步一喘息，滴水成冰的夜晚，林兰走得满身大汗。也不知过了多长时间，她终于挪回了租来的屋子。

万幸的是，次日一检查，她的脚脖子并未骨折，只是比较严重的扭伤。

包饺子、做清洁工、做居家护理，生活关过了，语言关过了。经过两年艰苦奋斗，她修完了全部专业课，拿到了个性心理学、心理咨询学和教育课程学的跨学科硕士学位。

在进修心理学期间，林兰不满足于所学，她又参加了《对卓越的投资》的学习。

刚一接触她就喜欢上了这门课，并且决定以传播这门心理课程作为自己未来事业的发展方向。1995年，上海留学生服务中心与林兰洽谈后，决定扶持她在国内发展事业。在为林兰垫资400美元注册后，美国太平洋研究院中国总部及上海蒂比尔（TPI）国际咨询有限公司即宣告成立。

公司开始运作后，困难非常多，没办公室，没课室，没有国内的传播实例与传播渠道。不过这些困难对于林兰来说，都不足以阻挡她的前进，她总能想到办法逐一解决。没办公室就在娘家腾出一间房，没课室就出去租场地，没传播渠道就通过朋友联络朋友。公司成立没多长时间，林兰在新华社上海分社公关公司的会议室里，和十几位首批学员一起开始了国内第一课。

虽然“万事开头难”，但就像婴儿诞生后，只要给予足够的空气、阳光、食物、水。他自然会健康地成长。林兰的公司和她开设的《对卓越的投资》课程，在上海迅速开辟出了市场：外企找她，国企找她，机关找她，高校也找她。林兰倾注的心血没有白费，她的付出有了回报，在中国这块土地上，她把这门心理课程从小苗培植成了大树。

“艰难困苦，玉汝于成。”人是从苦难中成长起来的，如果你能善待苦难，忍受苦难，超越苦难，你就会成为人们羡慕的成功者。

苦难的遭遇能磨砺坚强的意志，所以我们应该心存感激，接受它，超越它！人只有经过苦难的炼狱，方能读懂人生，走向成熟，人生的价值在于对自身苦难的严峻正视、深刻思考、透彻理解、不懈抗争。

不惧怕任何挫折，活出强者气势

每一个人，甚至在最最平常的日常生活中，都会遭遇各种各样的挫折。有的挫折是短暂的，有的却是长时间的；有的比较轻微，有的则比较严重。人们遇到挫折时的反应也各不相同。有的人会向挫折挑战，百折不挠地去克服挫折；有的人却面对挫折浑身发抖，萎靡不振，甚至精神崩溃。不同的态度，不同的反应，决定了每一个人是否具有获得成功的可能性。换句话说，成功取决于一个人的挫折容忍力。

挫折使人产生或轻或重的挫折感——一种消极的情绪状态，有人称之为“心理停滞状态”。这种状态，有时会造成非常严重的甚至不可挽回的后果。而这种后果出现的几率与严重程度，并不取决于挫折的大小，而取决于人的挫折容忍力。所谓挫折容忍力，就是指个人遭遇挫折时免于心理失常的能力，是指个人经得起打击或经得起挫折的能力。能容忍挫折的打击，具备良好的适应能力，以保持正常的心理活动，这是心理健康的标志，也是成功者所必须具备的重要心理素质之一。

在美国，有一个名叫雷·克洛的人。他出生的那年，恰逢西部淘金热结束，一个本来可以发大财的时代与他擦肩而过。按理说，读完中学就该上大学，可是1931年的美国经济大萧条使其囊中羞涩而和大学无缘。后来他想在房地产上有所作为，好不容易才打开局面，不料第二次世界大战烽烟四起，房价急转直下，结果“竹篮打水一场空”。为了谋生，他到处求职，曾做过急救车司机、钢琴演奏员和搅拌器推销员。就这样，几十年来低谷、逆境和不幸伴随着雷·克洛，命运一直在捉弄他。

雷·克洛虽然屡遭挫折，但热情不减，执著追求。1955年，在外面闯荡了半辈子的他回到老家，卖掉家里少得可怜的一份产业做生意。这时，雷·克洛发现迪克·麦当劳和迈克·麦当劳开办的汽车餐厅生意十分红火。经过一段时间的观察，他确认这种行业很有发展前途。当时雷·克洛已经52岁了，对于多数人来说这正是准备退休的年龄，可这位门外汉却决心从头做起，到这家餐厅打工，学做汉堡包。麦氏兄弟的餐厅转让时他毫不犹豫地借债270万美元将其买下。经过几十年的苦心经营，麦当劳现在已经成为全球最大的以汉堡包为主食的速食公司，在国内外拥有1万多家连锁分店。据统计，全世界每天光顾麦当劳的人至少有1800万，年收入高达4.3亿美元。雷·克洛被誉为“汉堡包王”。

人生在世，谁都会遇到挫折和失败，它够磨练一个人的意志，给人以丰富的经验，增强性格的坚韧性和提高其解决问题的能力，引导一个人产生创造性变迁，寻找到更好的人生道路。

法国大作家巴尔扎克说：“挫折是能人的无价之宝，弱者的无底之渊。”强者在挫折面前会愈挫愈勇，而弱者面对挫折会颓然不前。

挫折可以把人吓倒，使人唉声叹气，退缩不前；也可使人精神振奋，经受磨练，增长才干，增强意志。就看你如何对待它。只有能面对困难和挫折而毫无惧色的人，才能到达成功的顶峰。

挫折不等于失败。失败尚且有可能转化为成功，何况随时随处都可能发生的一时一事的挫折呢？拿破仑·希尔曾经这样解释失败与挫折：“这里，先让我们说明‘失败’与‘暂时挫折’之间的差别。且让我们看看，那种经常被视为‘失败’的事是否实际上只不过是暂时性的挫折而已。有时候，我甚至认为，这种暂时性的挫折实际上是一种幸运，因为它会使我们振作起来，调整我们的努力方向，使我们向着不同的但却是更正确或者更美好的方向前进。”由此可见，假如一个人能够具备正确的挫折观的话，不仅不是坏事，而且还可以成为一种积极的心理动力。它可以增长解决问题的能力，引导一个人以更好的方法或更好的途径去实现目标。

被称为“经营之神”的日本松下幸之助，白手起家，从生产电灯插座踏入商界。经过几十年的有效经营，到1995年，松下幸之助拥有的松下电器工业营业额达802.5亿美元，拥有资产800亿美元，雇聘员工254059人。谁能想到这么一位世界屈指可数的大企业创始人，竟历尽人生坎坷！

松下幸之助的前半生是十分艰苦和不幸的，他11岁时因家庭生活贫困而辍学；13岁时父亲因无钱治病而早逝；他本人17岁时由于生活劳碌而差一点儿被淹死；20岁时母亲又病故，而他本人又因患肺病几乎死亡；34岁时唯一的儿子仅6个月就死去；他长期受病魔折磨，40岁前有一半时间因病卧床……

做人的关键在于有积极的人生观。饱经艰难的松下幸之助认为，坏事可能变成好事，危机可能变成时机，逆境可能变成顺境。他每当受到挫折和遇到打击时，就以乡下人洗甘薯的景象抚慰自己。

日本的乡下人洗甘薯是这样的：在木制的大桶里装满了水和甘薯，人们用一根木棍不停地搅动，大小不一的甘薯随着搅动，有的沉下去，有的浮起来，浮浮沉沉，互有轮替，甘薯最终被洗干净了。

松下幸之助说："甘薯的浮浮沉沉，互有轮替的景象，正是人生的写照。每个人的一生，也会浮浮沉沉的，不会永远春风得意，也不会永远穷困潦倒。这持续不停的一浮一沉，就是对每个人的最好磨炼。"

松下幸之助没有因此潦倒，而是更加发奋地工作。在第二次世界大战结束后，他变卖了妻子的陪嫁饰物得了几块钱，自己生产电灯插座，然后逐步扩大生产，进而生产电器产品，最后坐上世界电器大王的宝座。这中间虽然遇到许许多多的挫折，但均被松下的奋斗精神所战胜。

日本松下电器的一家经销商，有一年因市场不景气，生意很惨淡，他向松下幸之助请教改善营运的秘诀。

松下听完那经销商的述说后说："目前市场萧条，生意不好，自然不能怪你，不过，我想请问你一个问题，你的尿有没有变红过呢？"

经销商感到奇怪，松下先生怎么反过来问这样的问题呢？他思考了一下后，摇摇头说："没有啊！我的尿从来没有变红过。”

松下说：“问题就在这里。面对萧条的市场，你的生意清淡，而你的尿仍然清澈，这表明你奋斗努力的程度不够。每个成功的生意人，为了突破不景气，无不绞尽脑汁，寝食难安；连续几个晚上因焦虑与思考失眠，尿自然而然地会变红了。你今天向我请教改善营运的方法，我没有什么秘诀可提供给你，不过，我奉劝你闭门苦思，全力去挣扎，直到你的尿变红为止，我相信你会走出一条路来的。”

经销商听了松下的一席话后，回到店里彻底地自我反思，后来他召开全店职工会议，把他向松下幸之助请示的过程告诉了大家，并请大家按这位“经营之神”提供的“法宝”去努力奋斗。经过一番闭门思过后，他们重新布置橱窗，研究出加强服务的措施，并开始了上门推销和上门维修服务、送货上门等业务。半年后，该经销店销路好起来了，营业额直线上升。

一年后，这位经销商又登门拜访松下幸之助，但这回不是求教了，而是道谢。他感动地向松下说：“感谢您‘尿变红’的宝贵启示，我的店生意旺起来了，您赠与我的法宝真使我一生受用不尽。”

成功是令人神往的，但通向成功的道路是坎坷的、曲折的、艰难的。纵观古今中外的成功者，哪一个不是历尽磨难？如果成功的路上都是一帆风顺，都能一蹴而就，那世界上就不会有人成功，有人失意了。只有具备面对困难百折不回、遇到挫折坚持不懈精神的人，才有可能登上成功的巅峰。因为遇到一点儿困难就灰心丧气，受到一点儿挫折就悲观失望，并因此而打退堂鼓，这样的人是永远都不可能达到成功目标的。

只有经风雨，才能见世面

“不经历风雨，怎么见彩虹”这句歌词道出了许多成功者的心声。尤其是那些经过大是大非的人，无论遇到什么事，都能平静以待。这是因为在他们的内心深处，已有了一座困难的高山，现实中的困难，与其相比，也许算不了什么。即便是现实的困难，比他们想象的困难还要大，但因为在他们的心里，有了随时迎接困难的准备，能够产生一种藐视困难的心理优势。他们会想尽办法，去克服困难、战胜困难。倘若困难太大，实在是无法战胜它，他们也能正确地认识它、对待它。所以，哲学家苏格拉底说：“逆境是磨炼人的最高学府。”此话一点也不为过。

坎坷的经历是成功的垫脚石。未经历挫折和磨难的考验，怎能体会到胜利和成功的喜悦；未经历风雪交加的黑夜，哪能体会风和日丽的可爱；未经历坎坷泥泞的艰难，哪能知道阳光大道的可贵。

有这样一个故事：

法治大师刚刚遁入空门时，曾是一名行脚僧。

有一天，已经快到晌午了，法治依旧大睡不起。寺庙中的主持方丈很奇怪，推开法治的房门，见床边堆了一大堆破破烂烂的瓦鞋。主持方丈叫醒法治问：“日已三竿，为什么还不起床？你不外出化缘，堆这么一堆破瓦鞋做什么？”法治睁开朦胧的睡眼，打了个哈欠说：“别人一年一双瓦鞋都穿不破，我刚剃度一年多，就穿烂了这么多的鞋子。”

方丈一听就明白了，微微一笑说：“昨天晚上下了一场大雨，你随我到寺前的路上走走看看吧。”

寺前是一段黄土坡，由于刚下过雨，路面泥泞不堪。

方丈拍着法治的肩膀说：“你是想得过且过，做一天和尚撞一天钟；还是想扬名立万，做一个能光大佛法的名僧?”法治答：“我当然想做一个名僧。”

方丈捻须一笑：“你昨天是否在这条路上走过?”法治说：“当然。”方丈问：“那么，你能在这条路上找到自己留下的脚印吗?”

法治十分不解地说：“昨天这路又干又硬，哪能找到自己的脚印？”

方丈又笑笑说：“如果今天我们在这路上走一趟，你能找到你的脚印吗？”法治说：“当然能了。”

方丈听了，微笑着拍拍法治的肩说：“泥泞的路才能留下脚印，世上芸芸众生莫不如此啊！那些一生碌碌无为的人，不经历风雨，就像一双脚踩在又平又硬的大路上，什么也没有留下。”

法治恍然大悟。从此以后，他苦心修炼。

是啊，只有那些在风雨中走过的人们，才知道痛苦和快乐究竟意味着什么。那泥泞中留下的两行印迹，就证明着他们的价值。

成功是令人神往的，但通向成功的道路是坎坷的、曲折的、艰难的。纵观古今中外的成功者，哪一个不是历尽磨难？如果成功的路上都是一帆风顺，都能一蹴而就，那世界上就不会有人成功，有人失意了。只有具备面对困难百折不回、遇到挫折坚持不懈精神的人，才有可能登上成功的巅峰。因为遇到一点儿困难就灰心丧气，受到一点儿挫折就悲观失望，并因此而打退堂鼓，这样的人是永远都不可能达到成功目标的。

据说有一位重点中学的15岁的初三学生，曾连续多年被评为三好学生，小学毕业时被评为优秀少先队员，以全校第一名的成绩被保送到市重点初中。然而，就是这样一位优秀的中学生，面对老师的正常批评却不能接受，回家后又受到父母的责备，竟然跳楼自杀。心理脆弱到如此地步，难道不值得我们思考吗？面对这种现象，有些成功人士和相关的专家们呼吁，应该给那些在温室里长大的孩子一点挫折教育，以便他们应对人生的变化。只有千锤百炼，才能成为好钢。

有一位学者，小时候家里很穷，在青黄不接的季节里，常常连吃饭都成问题，一家人整年围着生计问题打转。但他的父母却非常重视孩子们的教育，艰苦劳作，节衣缩食，想尽一切办法都要供孩子们上学。上学时他从父母那里拿到的钱，除了学费外，仅仅能够维持生活。就这些，他还要从他的生活费中挤出一点来，买学习资料。空余时间，还要帮父母做些力所能及的事情。但他学习很刻苦，没有辜负父母的期望，后来考上了知名大学。

在大学期间，生活仍然清苦，几乎是半工半读。但他非常珍惜来之不易的学习机会，学习更是勤奋。毕业后，他被分到一家比较清贫的单位，没有什么科研条件。有些人很抱怨，而他却说："我已经很好了。"他并不刻意追求物质享受，相反却告诫自己，不管条件多么困难，也要把科研做下去。后来，单位的条件逐渐好转，他有机会到科研所里去深造。经过努力拼搏，最后他成为了一位学者。

常言到：“自古英雄多磨难。” 磨难是检验我们心志的一种最好方式。不要抱怨生活中遇到的困难与挫折，而应把这当成磨练自己的机会。无论什么人，做任何事情，都会碰到这样或那样的困难，都需要具有坚强的意志和毅力，而在努力的过程中，我们只有知难而进、迎难而上，才能使人们在各自的领域上取得成功。

第二章
怕，你就输一辈子

意志不坚定的人，往往最先倒下

意志力是一种强劲的心理力量。意志力薄弱的人，遇到一些困难挫折就想要放弃，因此做什么事情也难做好；意志力顽强的人呢，则会创造奇迹，获得成功。

德国心理学家对500名智力超常的儿童进行了追踪调查研究，根据他们的成就大小，把他们分为“有成就组”和“无成就组”进行对比，发现这两组人之间的最大差异在于意志品质方面。那些获得较大成就的人，对自己从事的事业有忘我的献身精神，为了达到奋斗目标，虽经多次挫折仍不动摇。而“无成就组”的人，则意志薄弱，在困难面前畏缩不前，只有消极地等待良机。心理学家们由此得出结论：人们事业成功与否，在很大程度上并不取决于人的智力水平和客观条件，而取决于是否有坚强的意志。

坚强的意志是所有成功人士具备的一种十分可贵的品格和心理品质。在工作和生活中，只有我们拥有坚强的意志，就能战胜困难、克服弱点、取得事业成功。

有一年，日本松下公司为了扩大经营规模，打算招聘一批推销人员。为了挑选优秀的人才，考试将分为两个部分——笔试与面试。来面试报考的人有几百名，但录取的名额却只有10人，经过一个星期的繁忙招考，最后通过电子计算机计分，选出了10名佼佼者。

在面试时，有一位名叫神田三郎应征者给松下幸之助留下了很深刻的印象，但当松下幸之助将录取者一个个过目时，他却发现，成绩特别出色的神田三郎没有在10人之列。他感到很奇怪，当即叫人复查考试分数统计情况。经过复查，发现神田三郎综合成绩名列第二名，只因电子计算机出了故障，把分数和名次排错了，导致神田三郎落选。松下幸之助立即吩咐纠正错误，给神田三郎发录用通知书。

第二天，给神田发通知书的助手向松下报告了一个惊人的消息：神田三郎因没有被录用而跳楼自杀了，录用通知书到时，人已死。

闻言，松下幸之助沉默了好长时间。助手在一旁自言自语说："真是可惜了，这么一位年轻有为的青年，我们没有录取他。"

松下幸之助却不以为然地摇摇头说："幸亏我们公司没有录用他。意志如此不坚强的人是干不成大事的。"

可见，坚强的意志是人的心理支柱。成功永远青睐于意志坚强的人，从来都与意志薄弱者无缘。一些人在经历过失败后，会怀疑自己的能力，自暴自弃，或者是怨天尤人，抱怨社会对自己不公平。其实，这些人之所以自暴自弃，不是能力的问题，也不是命运不公，而是他们内心不够强大，他们被困难吓倒了，失去了奋斗下去的勇气。这样的人有一个共同点，那就是他们认为挫折约等于失败。成功者则从不言败，他们会被打败，却绝不会被打倒。遇到挫折之后，他们不仅不会放弃，反而会以更大的耐心和毅力面对困境，最终摆脱困境。

巴尔扎克说过："没有伟大意志力，便没有雄才大略。"古往今来，无数事实证明：若想要站在人生成功的彼岸，就得学会经受困苦、磨练意志；能经历磨练生命才能变得坚韧；能经得起挑战才会变得勇敢；能跨越挫折才会握手成功。

玉不琢不美，人不磨不灵。人生的道路布满了荆棘，我们只有磨练出坚强的意志，就能战胜前进道路上的种种困难，成为生活中的强者。

在美国，有这样一个人——他到3岁才学会说话。就在家人为这个孩子能说话而感到欣喜后不久，一场灾祸发生了，特纳在横穿马路时被车撞飞，妈妈眼睁睁看着他头部着地，结果他只是轻微脑震荡，缝了几针就没事了。可是，从此以后，各种疾病就接踵而至，和他如影随形。麻疹、水痘、肺炎、湿疹、哮喘、皮疹、扁桃腺肥大……一个病接着一个病，虽然不致命，但要一个孩子整天同病魔作斗争，惨痛是可想而知的。特纳至今还清楚地记得自己10岁那年面瘫的事。他本准备刷完牙去参加节日游行，可在刷牙的时候，他的半边脸突然提不起来了。他非常想去参加游行，但只能再一次被妈妈送往医院。在去医院的路上，他问妈妈："妈妈，真的有上帝吗?"妈妈说："当然有了。"他说："那上帝为什么对我这么残忍，让我总是和医生打交道。"妈妈抱着他的头，对他说："孩子，不是上帝残忍，他也许是在考验你，把你磨炼得无比强大。"

一个10岁的孩子因为疾病，过早地懂事了，也过早地学会了坚强。因为面瘫，他不得不接受脊椎穿刺手术。其实也就是抽骨髓。别说一个孩子，就是成人也难以忍受手术所带来的剧痛。医生把一根针扎进他脊椎里。他疼得大喊大叫，但他却没有丝毫挣扎，没有对医生说："太疼了，我不做了。"做完脊椎穿刺，两周过后，面瘫的症状消失了。但是，不幸并没有放过这个坚强的孩子。面瘫消失后，本来说话就晚的他说话有些口齿不清。每次他张嘴说话，别人都弄不明白他想表达什么。甚至在家里，也只有和他朝夕相处的哥哥达柳斯能完全明白他想表达什么意思，连妈妈偶尔也需要达柳斯的“翻译”。为此他不得不又去令他深恶痛绝的医院，还去上演讲课。直到上高中，他在众人面前发言，才变得没有障碍。

多病的童年留给他的是痛苦的记忆，还有一个弱不禁风的身体。这个体弱多病的孩子却喜欢打篮球。尽管在篮球场上经常被别人碰倒在地，常常伤痕累累，但他却对篮球永远充满激情。他觉得在篮球场上，自己能强壮起来。由于他的身体实在太弱，没有谁愿意带他打篮球，只有哥哥愿意和他一起打篮球。贫困的家里没有篮球场，也没有篮球架。哥俩把一个装牛奶的板条箱固定在一根电线杆上，用铁棍捏了一个篮球圈。这就足够了，哥俩日复一日、年复一年在自家后面的小巷子里追逐着篮球，也追逐着梦想。他的身体越来越强壮，篮球技术也越来越高，高中时，就收到了俄亥俄州立大学提前录取的通知。而在2009年的大学联赛中，他有场均20.3分、9.2个篮板和5.9次助攻的火热表现。

谁能想到这个被多种病魔缠过身的孩子真的变成了一个强壮有力的巨人。2011年夏天有众多年轻人参加的美国NBA选秀大会上，他以榜眼的身份被费城76人队选中。签订了三年价值1200万美元的合同。这也是NBA规定的榜眼秀所能签订的最大合同。专家们对他的评价是：综合能力极强，融合了天赋、身材、爆发力、篮球智商、篮球大局意识的优秀球员。而此时的他身高1.97米，体重95公斤，臂展2.03米，原地摸高2.7米。在接受记者采访时，他说：“别人的人生满是故事，而我的人生却满是事故。不过，我不埋怨。我和妈妈想的一样，那些疾病，只不过是命运的考验，只为把我磨炼得强大。我反而要感谢它们。”

说到这里，相信喜欢看NBA的朋友都猜到他是谁了？没错，他就是埃文·特纳。

不被残酷现实打倒的信念，就是埃文·特纳成功的原因，因为他活在自己坚定的意志中，用坚定的行动力证明，他不会被乖乖的被命运击倒，不但坚强地活下来，还达成了理想。

一个人的成功很大程度是意志的成功，任何人要想做成一件事都需要意志品质的支撑。爱迪生曾说过：“伟大人物的最明显的标志，就是他坚强的意志，不管环境变换到什么地步，他的初衷与希望仍不会有丝毫的改变，而终于克服困难，以达到预期的目的。”坚强的意志是人们克服困难，战胜挫折，建功立业，战胜一切的精神支柱和力量源泉。

“宝剑锋从磨砺出，梅花香自苦寒来”。坚强意志是成功的保证。如果你想要踏上成功之路，就要从磨练坚强意志开始。

直面恐惧是战胜恐惧的第一步

恐惧是人们的一种基本情绪。每个人在社会生活的方方面面都会有恐惧感的产生，特别是当遇到陌生的环境或不利的环境时，恐惧感会更加强烈。法国作家蒙田曾经说过：“在这个世界上，恐惧是我最为害怕的一件事。”正如蒙田所说，恐惧是令人害怕的事，是一种人类及生物心理活动状态，为情绪的一种。从心理学的角度来讲，恐惧是一种有机体企图摆脱、逃避某种情境而又无能为力的情绪体验。

有这样一个小故事：

一位军阀每次处决死刑犯时，都会给犯人做出两种选择：第一是一枪毙命，第二是选择从监狱左墙的一个黑洞进去，命运未知。

所有犯人都宁可选择一枪毙命，也不愿进入那个不知里面有什么东西的黑洞。

一天，酒酣耳热之后，军阀显得很开心。

旁人很大胆地问他："大帅，您可不可以告诉我们，从这黑洞走进去究竟会有什么结果？"

"没什么啦！其实走进黑洞的人只要经过一、两天的摸索便可以顺利地逃生了，人们只是不敢面对不可知的未来罢了。"军阀回答。

其实，很多时候，我们害怕的不是别的，是自己内心凭空生出的恐惧。我们战胜的也不是别的，正是自己。

恐惧起源于我们自身，发自我们内心，是我们自己吓怕了自己。事实上，也确实如此，任何事情本身并不恐惧，往往是我们对他们了解不够，或者根本没有了解，从博弈的角度上讲，无形中高估、放大了对手的能力，贬低了自身的能力，因此，失去自信心，不相信自己能战胜对手所造成的。

一位心理学家带他的学生去做一个心理试验。他把学生们带到了一个没有开灯的黑屋子里，屋子里有一座窄窄的桥。心理学家问：“谁敢从这座桥上走过去？”不服气的学生们一个接一个踏上那座窄桥，并顺利地走了过去。

心理学家打开了一盏幽幽的小灯。灯光昏暗，但是学生们看清楚了桥下是漆黑的水潭。谁也不知道那水有多深，而且在幽幽的灯光下，水潭显得更加诡异莫测。心理学家再次问：“现在，谁敢从这座桥上走过去？”学生们有些犹豫，但是大部分人还是走上那座桥，依旧小心翼翼走了过去。

心理学家再次打亮一盏灯，这盏灯的灯光较先前的那盏亮多了，学生们看到水潭里的景象，心头不禁打个冷战。只见水潭里有数不清的蛇游来游去，有一条眼镜蛇还吐着长长的信子昂头冲着那座桥。学生们无不倒吸一口冷气，心里在庆幸自己幸好没有掉下去。心理学家再次问：“这下，谁还敢走过那座桥？”几乎没有学生敢再踏上那座桥了。

这时，只见心理学家踏上了那座桥，稳稳地走到了对面，学生们都惊呆了。心理学家没有说话，只是再次打亮一盏更亮的灯让学生们细看，原来桥和水潭之间密布着一张细细的铁丝网，学生们面面相觑。

心理学家这时开口了：“同学们，这就是我们心灵的力量。我们不知道，恐惧正是来自于我们的内心。在灯开亮之前，我们所有人都能够小心地走过那座桥，那时候，黑暗对我们来说，不值得恐惧。反而是黑暗让我们变得小心，而不至于出错。但是，当灯被一盏盏打亮，我们被自己内心的恐惧限制住了，反而不敢迈步走向那座桥。其实，我们任何一个人都可以走过那座桥。那座桥，就是我们内心的力量。只要我们不被自己内心的恐惧所震慑，我们都有能力轻松地过桥。”

其实，很多时候恐惧都是我们自己强加给自己的。当不祥的预感、忧虑的思想在你心中发作时，你不应当纵容它们逐渐长大，你应该拿出勇气与它们相对抗，只要有勇气与信心，从心态上战胜恐惧，你就可以步步向前，迈向光明。

每个正常的人都可以自发地控制情绪，可以改变自己对事物的认识，用理性和行动控制自己的一系列想法，克服自己的恐惧心理，形成无畏思想，激励自己采取能够战胜恐惧的积极行动。

1939年，宾劳在波兰的华沙正预备同他的爱人安妮结婚时，德军入侵了。在一片混乱下，宾劳和其他犹太人一样被拉上一辆货车，送进了集中营。在那里，他一直被关到1945年第二次世界大战结束时。

在刚进入集中营的最初几天里，他不停地在想：“安妮在哪里？”以后的那些日子就演变成令人心悸的日子。

宾劳与其他4000名犹太人一样，每天只有一块面包和一碗汤。他经受着肉体和精神的折磨，但仍艰难地活着。

离解放的日子越来越近了，营内的人数由4000一下子跌到了不足500人。在无计可施之下，盖世太保的秘密警察只有把这些犹太人的脚串连地缚着，然后命令他们一个跟一个地离开集中营，在严寒之中穿过雪地前进。衰弱不堪加上疾病缠身，很多人都在雪地上倒下去了，他们就被留在那里直至被冻僵为止。宾劳虽然也是饥疾交加，但他内心深处的一种力量在无形中鼓舞着他，那就是一定要见到安妮，永远不放弃希望，正是这种信念，帮助他战胜了在集中营的恐惧的令人发疯的日子。

宾劳至今清晰地记得那个难忘的早晨，隆隆的轰鸣声自山后方传来，接着坦克在地平线上出现了，并且迅速穿过正在消融的雪地。终于，那些美军追上来解救了那些可怜的犹太人，宾劳自由了。

他想做的第一件事就是要去找安妮。此时他的内心充满了喜悦与不安：安妮还在吗？她死了吗？她结婚了吗？另一个幸存者告诉宾劳，他听说安妮在史杜格，有人在那里见到过她。

于是，宾劳长途跋涉来到史杜格。当他坐上公共汽车穿过市中心时，突然看见一个年轻漂亮的姑娘站在街头。他跳下车，旋风似地跑到她面前。他们彼此对望，在眼眸深处，他们知道彼此仍然爱对方。他们拥抱着，又哭又笑，诉说离别的痛苦。

宾劳秉承不放弃的信念，以无比强大的勇气战胜了恐怖的环境最终获得了重生，与自己心上人过上了幸福的生活。

很多事情，你现在觉得害怕，但是一旦你面对它，并驾驭它以后，它很可能变成你所喜欢的。恐惧不是不可战胜的，一旦有了恐惧心理，应当立刻拿出勇气来与它对抗。正如罗斯福所言："克服恐惧最佳的对策，就是勇敢地面对它。"

的确，面临要做一件事情的时候，人们往往都会对事情的未知性感到恐惧，正是这种近乎绝望的感觉让人们丧失前进的勇气和信心。只有消除了惧怕心理的沉重压力，重新审视你的价值和行为才会激发重整旗鼓的勇气。你要对自己说，生活是因我而存在的，除了要战胜自己，还有什么值得你去惧怕的呢？

打破自卑的外壳，你将收获整个天空

什么是自卑？简而言之，就是觉得自己不如别人，对自己的能力评价偏低。常有抑郁、忧伤、胆怯、失望、害羞、不安和内疚等表现。有的人因为工作成绩差产生自卑，有的人因为自己形象不够好产生自卑，有的人因为自己的家庭条件不好，衣着不如别人时髦产生自卑，有的人甚至连自己脸上的痤疮也成为自卑的原因。自卑是主观的感受，容易产生自卑的人往往好与别人比高低，有很强烈的争强好胜之心，急切地希望一切都超过别人，梦想一鸣惊人，虚荣心较强，容易为一时的成功而骄傲，也为一时的失败而灰心丧气。

麦斯威尔·马尔兹医生说过："世界上至少有95%的人都有自卑感！"这个数字或许会把你吓一跳，但真要细心观察一下会发现，你周围的亲朋好友，有几个人是真正的不自卑？又有几个不是成天对你诉说自己的不幸？

其实，世界上最糟糕的事就是对自己没有信心把自己看成一个可怜的人，那么一旦实施可怜给自己，那就真的很可怜了。

曾经有这样一个犯人，他已经在暗无天日的牢狱中生活了好几年了。这几百天的禁锢、劳作和回想起自己曾经犯过的错误，他竟怀疑起自己出狱后是否还能像从前那样坦然地面对生活。他不敢想象戴上了"罪犯"的帽子的人被大伙儿在背后指手画脚的情形，也没脸再去见亲朋好友了。他的精神因此而日见疲惫，似乎出狱以后的生活注定要与乞丐为伍似的。

有一天他在门外晒太阳，仰头望见蓝色的天空中变化奇特的洁白的云朵，忽然想起了小时候他和母亲、成家后又和心爱的妻子一起站在自家阳台上观看同样景色时的快乐心情。此时，他突然有了一个全新的发现：人在任何环境中，都有选择自己人生命运的自由。后来他出狱了，经过几年的努力终于成了一位有名的作家，并重新找回了昔日的伴侣，开始了崭新的生活。

其实自卑与自信，只是一念之差，所以，影响你人生成功和幸福的绝不是恶劣的环境和所受的遭遇，而是你对这些事保持什么样的心态。只要了解自卑是无谓的，自卑与自信只是如此的一线之隔，我们便可以改变自己的一生。

人生中难免要遇到一些挫折，也难免会产生一时的自卑心理，关键是怎样对待挫折，怎样克服自卑心理。首先为自己制定的目标要切合实际，要以豁达和宽容的态度对待学习和生活中遇到的不如意的事。生活并不像一条小溪那样，平静地潺潺流动着，生活中会有激动和震荡，有高潮也有低潮。遇到挫折不要心灰意冷，怨天尤人，要振作起来，卧薪尝胆，用自信和积极的心态去填平自卑的深沟。

一个叫黄美廉的女子，自小就患上脑性麻痹症。此病状十分惊人，因肢体失去平衡感，手足便是常乱动，眯着眼，仰着头，张着嘴巴，口里念叨着模糊不清的词语，模样十分怪异。这样的人其实已失去了语言表达能力，不亚于哑巴。

但黄美廉并没因此而自卑，相反她凭借顽强的意志和毅力，考上了美国著名的加州大学，并获得了艺术博士学位。她靠手中的画笔，还有很好的听力，来抒发自己的情感。

在一次讲演会上，一个不懂世故的中学生竟然这样提问：“黄博士，你从小就长成这个样子，请问你怎么看你自己？”在场的人都在责怪这个学生不敬，但黄美廉却十分坦然地在黑板上写下了这么几行字：“一、我好可爱；二、我的腿很长很美；三、爸爸妈妈那么爱我；四、我会画画，我会写稿；五、我有一只可爱的猫；六……”最后，她再以一句话作结：“我只看我所有的，不看我所没有的！”

不愧是黄博士！她以自己的实践，道出了走好人生路的真谛：人不可自卑，要接受和肯定自己。

俗话说，人无完人，金无足赤。人们不应因为在生理上有某些缺陷或在工作和学习上一时不如他人而产生自卑的心理。其实，自卑只是自己和自己过不去。为什么老要和自己过不去呢？你不觉得自己身上也有许多可爱的地方、令人骄傲的地方吗？也许你不漂亮，但是你很聪明；也许你不够聪明，但是你很善良。人有一万个理由自卑，也有一万个理由自信！丑小鸭变成白天鹅的秘密，就在于它勇敢地挺起了胸膛，骄傲地扇动了翅膀。

那么如何克服自卑感，建立自信心呢？我们应从以下几个方面入手：

1.克服自卑心理和畏惧情绪。有的人有很强的自卑感和畏惧心理，他们认为自己什么都不行。要么就是有畏惧情绪，“怕”字当头，怕工作干不好，怕领导批评，怕同事嘲笑。自卑感和畏惧情绪严重阻碍自信心的确立，应该加以消除。心理实验表明，越是惧怕的事情往往越容易发生。所以我们要消除畏惧情绪和恐惧心理，以一种超然的姿态正确对待生活中所遇到的问题和困难。问题未出现，要变担忧顾虑为采取积极措施防患于未然；一旦碰到挫折和失败，要勇敢地面对它，从失败中总结教训，从失败中看到成功的希望，失败是暂时的，失败仅仅出现在某次行为或某件事上。对于一个自信的人来说，他内心永远没有失败的阴影，只有充分的自信，必胜的信念。

2.用行动证明自己的能力与价值。其实，看一个人有没有价值，根本用不着进行什么深奥的思考，也用不着问别人，有人需要你，你就有价值，你能做事，你就有价值。因此，你可以先选择一件自己最有把握也有意义的事情去做，做成之后，再去找一个目标。这样，每一次成功都将强化你的自信心，弱化你的自卑感，一连串的成功则会使你的自信心趋于巩固。

3.加强心理训练，克服不良心理习惯。我们要克服自卑，培养自信心，就应在生活中不断加强自我心理训练。心理训练的一种有效方法是自我暗示。当遇到困难时，我们可对自己进行积极的自我心理暗示，告诉自己“我行”、“我可以”，这样就会逐步增强自信心。

总之，只有控制自卑心理，你才会敢于进取，成为一个有主动创造精神的人，才能开拓事业；你才会有积极的人生态度，才会活得开朗、开心；你才会勇于承担责任，成为一个有责任心的人。

敢于冒险的人生具有无限可能

一次，有人问农夫是不是种了麦子。农夫回答：“没有，我担心天不下雨。”那个人又问：“那你种了棉花了吗?”农夫说：“没有，我担心虫子吃了棉花。”于是那个人又问：“那你种了什么?”农夫说：“什么也没种。我要确保安全。”

生活中有不少人就像那个农夫一样，不愿意去尝试，不冒任何风险，到头来，什么也做不成，什么也不是。

惧怕失败，不冒风险，求稳怕乱、平平稳稳地过一辈子，虽然可靠、平静，虽然生活“比上不足比下有余”，但那是多么的无聊。冒险失败远胜于安逸平庸。与其平庸地过一辈子，不如轰轰烈烈地干一场。

没有冒险精神，人类就没有创造，就没有社会改革。只有带着沉重的风险意识，敢于怀疑并打破过去的秩序，通过冒险而取得胜利后，才能享受到成功的喜悦。

凡是成功的人都具有冒险精神。对于个人发展来说，冒险则成为通向成功的必由之路。在很多情况下，强者之所以成为强者，就是因为他们敢为别人所不敢为。如果缩手缩脚，即使有比别人更新的思想，也只能错过机会，成为过时的东西。

北京西城区的王先生是一位“敢吃螃蟹”的人，他凭借先机和冒险精神抓住了商机，从而获得了财富。

王先生是一位身无分文的下岗职工，一次与人谈话时，得知其住宅附近有几间待租空房，一共有1000多平方米。业主要租房者每天交房租费500元，租借期限为10年，并要一次付清。由于房租昂贵，人们都觉得在此做生意有很大风险，房屋一时无人租赁。

然而，王先生却认为：有风险才有财源。于是，他果断地向亲友筹措了一些资金，租赁该空房开了一家中档饭店。有一位朋友提醒他：“你借钱开店，难道不怕赔本吗？”王先生只是默默一笑。

其实，王先生是做了一番考虑的。因为店址在住宅区附近，客流量很大，消费群体也很多，虽然需要较大的投资，但是很快就会收回成本，并能获得高额利润。

后来的发展，证明了王先生的眼光是超前的，这家饭店的投资在3个月后全部收回，并获得了很高的利润。

是什么原因促使王先生成功的呢？就是他敢于冒险的精神。冒险与收获常常是结伴而行的，风险和利润的大小也是成正比的，巨大的风险能带来巨大的效益。险中有夷，危中有利。要想有卓越的成果，就要敢冒风险。

对于强者来说，“无险不足以言勇”。一个真正的强者，厌恶平淡无奇的生活，他们渴望冒险，希望在生活中掀起巨浪，喜欢充满传奇色彩的浪漫生活。从这个意义上说，敢不敢冒险，正是区别强者和弱者的标志之一。

一个人要想在事业上出人头地，必须要有敢为天下先的勇气。只有敢于冒险、敢于尝试的人，才会创造并把握住更多的机会，才能最终迎来鲜花和掌声。

20世纪60年代中期，美国耶鲁大学的一个血气方刚的年轻人写了一篇论文。在论文中，他阐述了关于在全国范围内建立一种连夜递送邮包的快递系统的设想。在当时，这种想法是具有远大眼光和基于科学分析的冒险精神的。但是评分教授却认为，这篇论文简直是一派胡言，想法不切实际，结果得了个差等。年轻人不认为自己的设想是天方夜谭，自此开始寻找实现梦想的机会。这个年轻人就是日后成立全球最大的快递公司联邦快递创始人弗雷德·史密斯。

1969年，弗雷德·史密斯服完兵役后开始创业。他先是收购一家破产企业，完成原始积累，然后凭借家族的庞大资金支持，甘冒天下之大不韪，建立了有史以来第一家航空快递公司。当时，邮递运输业的许多资本家都不看好他的快递公司，不仅投入资金大，利润空间少，社会上对目前的运输服务也抱不信任态度。正是有这些原因，这项新行业举步维艰，初期营运持续亏损。仅一年时间内，公司亏损近2000万美元，许多亲朋好友劝他撤手，他都坚持咬牙挺住。弗雷德·史密斯深信，随着科技的发展，渴求高效快递的服务行业一定会有极其广阔的发展前景。因为如果人们确信自己拥有价值很高而又易损的包裹能在第二天早上安全送到目的地，他们是愿意出高额快递费的。眼下的公司亏损是因为参与快递的小包裹多，大客户少。随着公司信用度的升高，需要快递贵重物品的大客户势必会越来越多。果然，5年后公司转入盈利，1985年，总资产达到51.83亿美元。至此，弗雷德·史密斯——这位全球最大的快递公司联邦快递创始人，以甘冒天下之大不韪的冒险精神和传奇经历，被当之无愧地渲染为当今成就最大的企业家之一。

可见，敢于对未来、对新事物进行尝试冒险，对未知进行探索，对新事物进行开发就是成功的秘诀。

生活中，不能缺少冒风险精神，什么事情都要去勇敢地尝试。对于一项需要冒险的工作，当别人犹犹豫豫的时候，你迅速做出决断，大胆承担起来，很可能这就是改变你的命运的关键性一步。

在人生中，思前想后，犹豫不决固然可以免去一些做错事的可能，但更大的可能是会失去更多成功的机遇。这种得不偿失的结果对我们来说是更大的损失。因此，我们必须学会冒险，学会去尝试，因为生活中最大的危险就是不冒任何风险。只有敢于冒险，才会有更多的成功机会。

不畏不惧，人生就不会输

人可以被打败但不可以被打倒。只要你心中有光，你同样可以一百零一次站起来，把苦涩的微笑留给昨日，用不屈的毅力和信念赢得未来。

英国小说家、剧作家柯鲁德·史密斯曾经这样说："对于我们来说，最大的荣幸就是每个人都失败过。而且每当我们跌倒时都能爬起来。"

"失败了再爬起来"，看起来是一句鼓舞失败者最好的话，但是要真正实行起来，需要的是自我鼓励的品质和勇气。以顽强的毅力和百折不挠的奋斗精神去迎接生活的挑战，你才能够免遭淘汰。上苍能在无意中夺去你的视力，也可以在不觉中毁掉你的手臂，但只要你能充满信心地与命运进行搏斗，你就能战胜一切困难和障碍。

20世纪60年代初期，玛丽·凯经过一番思考，把一辈子积蓄下来的5000美元作为全部资本，创办了玛丽·凯化妆品公司。在创建公司后的第一次展销会上，她隆重推出了一系列功效奇特的护肤品，按照原来的想法，这次活动会引起轰动，一举成功。可是“人算不如天算”，整个展销会下来，她的公司只卖出去1.5美元的护肤品。

意想不到的残酷失败，使玛丽·凯控制不住失声痛哭。经过认真的分析，玛丽擦干眼泪，从第一次失败中站了起来，在重视生产管理的同时，加强了销售队伍的建设。经过20年的苦心经营，玛丽·凯化妆品公司由初创时的雇员9人发展到现在的5000多人；由一个家庭公司发展成一个国际型的公司，年销售额超过3亿美元。玛丽·凯终于实现了自己的梦想。

人的一生难免会遇到很多困难和挫折，遭受很多打击。遇到这些挫折本身并不可怕，关键在于你自己。当你遭受挫折、遇到困难、受到打击却不气馁，那么你会取得成功。一个人能有成就并在气质上超过常人，往往正在于其对待失败的态度，而失败是每个人都会经历的。精神上被打败了，那才是一败涂地。

人生之路漫长而且坎坷，因此遭受挫折、遇到困难、遭到打击在所难免，差别只在有人把头破血流不当一回事，有人稍微破皮就灰心丧气。跌倒了还能爬起来，你才有成功的希望。

不管你在什么时候跌倒了，一定要爬起来。人生路上奔走的不止你一个，你跌倒了不赶快爬起来，不但同行的人会抛下你，后面的人也会超过你，甚至从你身上踩过去。“跌倒”后只有爬起来，才能继续和他人竞争，和他人比拼！趴在地上是不会有任何机会的，所以一定要爬起来。如果你跌倒了而不想爬起来，那么不但没有人会来扶你一把，而且还会成为众人唾弃的对象。但如果你忍着痛苦想要爬起来，那么迟早会得到别人的帮助。那些丧失“爬起来”意志的人，是得不到帮助的。因此，你一定要爬起来。

美国著名电台广播员莎莉·拉菲尔在她30年职业生涯中，曾经被辞退18次，可是她每次都放眼最高处，确立更远大的目标。最初由于美国大部分的无线电台认为女性不能吸引观众，没有一家电台愿意雇用她。她好不容易在纽约的一家电台谋求到一份差事，不久又遭辞退，说她跟不上时代。莎莉并没有因此而灰心丧气。她总结了失败的教训之后，又向国家广播公司电台推销她的清谈节目构想。电台勉强答应了，但提出要她先在政治台主持节目。“我对政治所知不多，恐怕很难成功。”她也一度犹豫，但坚定的信心促使她大胆去尝试。她对广播早已轻车熟路了，于是她利用自己的长处和平易近人的作风，大谈即将到来的7月4日国庆节对她自己有何种意义，还请观众打电话来畅谈他们的感受。听众立刻对这个节目产生兴趣，她也因此而一举成名了。如今，莎莉·拉菲尔已经成为自办电视节目的主持人，曾两度获得重要的主持人奖项。她说：“我被人辞退18次，本来会被这些厄运吓退，做不成我想做的事情。结果相反，我让它们鞭策我勇往直前。”

有些人之所以比别人成功，就在于当他们失败时，他们有毅力及勇气爬起来，重来一次。失败并不可怕，尽管它会给你带来失望、烦恼，甚至是痛苦；但是，它却像一块磨刀石，会磨砺你的意志，鼓舞你的士气，锻炼你的品格，最终使你成为一个能够坦然面对厄运，并成就大业的勇者。

并非有信心去做每一件事都会成功。凡事总有失败，但是你要坚强，不要被挫折击垮，也不要被失败吓倒，更不要蹉跎在过去的岁月当中。只有经得起失败的人，才能真正成为掌握命运的强者。强者在失败面前会愈挫愈勇，而弱者面对挫折会颓然不前。

没有失败就没有所谓成功，关键是看我们对于失败的态度。生活就是要面对失败和挫折。当你一蹶不振而悲观失望时，切记失败是成功之母，几次碰壁也算不了什么，人生后边的路还很长很长。

在通过成功的道路上，任何一个人的发展之路，都不会是完全笔直的，都要走些弯路，都要为成功付出代价。成功者也会失败，但他们之所以是成功者，就在于他们失败了以后，能够从失败中总结出教训，并从失败中站起来，发奋上进，于是，成功就接踵而来。

庄纳斯·思克是一个伟大的科学家，是他发现了小孩麻痹症的疫苗。他的发现使许多人避免了小儿麻痹症的病痛折磨。因为他的发现结果是通过二百次的试验才得到的，有人问他：你的最终发现是最伟大的，那么你是怎么看待你前面的二百次失败呢？他回答说："在我的生活中从来没有过二百次失败，在我的家庭里，我们从来不认为我们做过的任何事情是失败的，我们所关心的是，我们通过自己所做过的事情得到了什么样的经验？学到了什么知识？我在第二百零一次试验中成功了，我如果没有前面二百次的经验，就不会得到第二百零一次的成功。"

跌倒并不可怕，可怕的是跌倒之后爬不起来，尤其是在多次跌倒以后失去了继续前进的信心和勇气。不管经历多少不幸和挫折，内心依然要火热、镇定和自信，以屡败屡战和永不放弃的精神去对付挫折和困境。洛克菲勒这样说道：“与一些人不同，我把失败当作一杯烈酒，咽下去是苦涩，吐出来的却是活力。”

现实虽然残酷，但强者从来不害怕。因此，不管你“跌倒”受的伤是轻还是重，只要你不愿爬起来，那么你就会丧失机会，被人看不起，为社会所遗弃，要想能在真正跌倒时爬得起来就要有坚强的意志。人是具有能动性的，所以应该在社会实践中总结自己和前人的经验教训，从中获取进退取舍、对答应变的正确方法，主动地遵循事物的规律办事，这样才能应付各种变故。一旦失败，要能够经受住失败的考验，控制住危险和复杂的局面，尽力去维持现状，不能惊慌失措。

失败者往往有这样的心理：一种是由于已经处于败势，转攻为守，因此不敢拼死一搏，害怕再度失败，束缚住了自己的手脚，从而失去了反败为胜的机会。还有一种就是有时失败了却不服输，不冷静地分析失败的原因，急于反败为胜，结果贸然行动，反而招来更大的失败。这都是不能从失败中汲取经验教训的表现。

失败本身并不可怕，可怕的是失败之后丧失了继续奋斗下去的决心和勇气。所有胜利者，必定是经过千辛万苦和艰苦努力才最终成功的。面对失败，如果能不气馁，继续奋斗，最终必能感受胜利的欢乐。所以，在哪里跌倒，就在哪里爬起来，只有这样，才能使自己的人生更加精彩，才能让自己的一生无怨无悔！

你若勇敢，成功才会离你越来越近

人们常说：机遇是给有准备的人，但任何准备是要有前提的。抱怨自己没有机会的人，多半是缺乏勇气的人。人们无法相信一个面对挑战毫无勇气可言的人，会能支撑到机遇的来临。勇气的内涵是一种信念、一种执著。尤其是在竞争激烈的环境中，只有那些充满勇气的参与者，才有可能获得机遇。

从前有一位年轻人就要离开故乡去外面闯荡，山海苍茫，心里难免有些惶恐。因此，他动身之前去拜访了一下本族族长，请求指点。老族长写下了“不要怕”三个字，然后望着前来求教的年轻人，说：“孩子，人生的秘诀就只有这三个字，今天我告诉你，够你一生受用。”

三十多年后，年轻人已经人过中年，他牢记老族长的话，取得了很大的成就。当年一文不名的年轻人，正是凭借能战胜一切的勇气攻克了人生一个又一个的难关。

勇气是面对任何事物都无所畏惧的心理状态。如果没有勇气，不敢去尝试，你永远都不会拥有任何机会。无论做什么事，首先要有勇气。有了勇气，才敢于做事，才能最终战胜困难和挫折，到达成功的彼岸。

在这个世界，机遇不会垂青于等待者。我们除了用终生准备姿态来面对生活外，我们还需要勇气，需要能够勇敢争取机会的勇气，其实，争取机会的过程也就是提高的过程！

一位年轻人在公司工作半年后很想了解总裁对自己的评价，虽然他觉得事务繁忙的总裁可能不会理睬，但这位年轻人还是鼓起勇气决定给总裁写一封信。他在信中向总裁问了最重要的一个问题："我能否在更重要的位置上干更重要的工作？"

没想到总裁回信了，他只对他最后的问题作了批示："公司决定建一个新厂，你去负责监督新厂的机器安装吧。但你要有不升迁也不加薪的准备。"随同那封回信，还有总裁给他的一张施工图纸。年轻人没有经过这方面工作的任何训练，却要在短时间内完成任务，在一般人看来，这是非常困难的。年轻人也深知这一点，但他更清楚，这是一个难得的机会，如果自己因为困难而退缩，那么可能永远也不会有幸运垂青于他。于是他废寝忘食地研究图纸，向有关人员虚心请教，并和他们一起进行分析研究。最后，工作得以顺利开展，并且提前完成了总裁交给他的任务。

当这位年轻人向总裁汇报这项工作的进展时，他没有见到总裁。一位工作人员交给他一封信，信中说："当你看到这封信时，也是我祝贺你升任新厂总经理的时候。同时，你的年薪比原来提高10倍。据我所知你是不能看懂这图纸的，但是我想看看你会怎样处理，是临阵退缩还是迎难而上。结果我发现，你不仅具有快速接受新知识的能力，还有出色的领导才能。当你在信中向我要求更重要的职位和更高的薪水时，我便发现你与众不同，这点颇令我欣赏。对于一般人来说，可能想都不会想这样的事，或者只是想想，但没有勇气去做，而你做了。新公司建成了，我想物色一个总经理。我相信，你是最好的人选，祝你好运。”

勇气是成功的第一步，是取得成功不可缺少的关键因素。缺乏勇气，害怕表现自己，就会失去许多走向成功的机会。有些时候，不是我们缺少成功的能力，而是缺乏走向成功的勇气。

有的时候，迈向成功只需要瞬间的勇气。机会也总是在一瞬间闪现，但只要把握了这一瞬间，成功的希望将会属于你。因此，要挑战内心的胆怯，鼓足勇气，及时抓住机遇来临的每个瞬间。机会是靠自己去创造和主动争取得来的，并不是上天所赐予的。即使上天可以赐予你很多的机会，如果你没有勇气去争取或者把握，机会也会像天上的星斗一样可望而不可即。

一天，某公司总经理向全体员工宣布了一条纪律：“谁也不要走进 8 楼那个没挂门牌的房间。”但是，他没有解释为什么。此后真的没人违反他的这条“禁令”。

三个月后，公司又招聘了一批员工。在全体员工大会上，总经理再次将上述“禁令”予以重申。这时，只听一个新来的年轻人在下面小声嘀咕了一句：“为什么?”总经理听到后并没有因这位新人的不礼貌而恼怒，只是满脸严肃地答道：“不为什么！”

回到岗位上，那个年轻人百思不得其解，还在思考着总经理为什么要这样做。其他工友则劝他只管干好自己的那份差事，别的不用瞎操心。因为“听总经理的，总是没错”。可那个年轻人偏偏来了犟脾气，非要把事情弄个水落石出不可。于是他决定冒公司之大不违，走进那个房间探个究竟。

这天，他爬上 8 楼，轻轻地叩了叩那扇门，没有反应。年轻人不甘心，进而轻轻一推，虚掩着的门开了（原来门并没有上锁）。房间里没有任何摆设，只有一张桌子。年轻人来到桌旁，看到桌子上放着一个纸牌，上面用毛笔写着几个醒目的大字——“请把此牌送给总经理”。

年轻人拿起那个已落满灰尘的纸牌，走出房间似有所悟，乘电梯直奔15楼总经理办公室。当他自信地把纸牌交到总经理手中时，仿佛期待已久的总经理一脸笑意地宣布了一项让年轻人感到震惊的任命：“从现在起，你被任命为销售部经理助理。”

在后来的日子里，那个年轻人果然不负厚望，不断开拓进取，把销售部的工作搞得红红火火，并很快被提升为销售部经理。事后许久，总经理才向众人做了如下解释：“这位年轻人不为条条框框所束缚，敢于对上司的话问个‘为什么’，并勇于冒着风险走进某些‘禁区’，这正是一个富有开拓精神的成功者应具备的良好素质。”

其实，成功离你并不遥远，可能只是一扇门的距离，就看你是否有勇气打开这扇门。有些时候，不是我们缺少成功的能力，而是缺乏走向成功的勇气。

鲁迅说过：真正的勇士敢于直面惨淡的人生，敢于正视淋漓的鲜血。机会来临的时候，除了慧眼的发现以外，更需要勇气去做。许多人之所以让机遇白白溜走，就是因为在紧要关头他没有接受挑战的勇气。我们除了用终生准备姿态来面对生活外，我们还需要勇气，需要能够勇敢争取机会的勇气。

第三章　你未来的样子，藏在你现在的努力中

梦想有多远，就能走多远

梦想是人前进的动力，尤其对年轻人更是如此。斯蒂芬·霍金曾说：如果一个人没有梦想，无异于死掉。因为我有梦想，所以我活着！梦想具有神奇的能力。人一旦有了梦想，即使前方艰难险阻，也无法阻挡他前进的脚步。

马云说：“不给梦想一个机会，你就永远没有机会。”相信很多人在面对梦想的时候，都曾经想过要去尝试，但现实是残酷的，就像大浪淘沙。在现实面前，很多人退缩，于是就像沙子一样被海浪淘去了。人的一生说来也短，说来也长，关键是看你怎么样把握。总是不敢去付出行动，不给梦想一个机会，又怎么可能让梦想开花呢？

有一个叫查理斯的年轻人，他出生的时候医生就告诉他的母亲：“这个孩子可能是个痴呆儿，将来什么也做不了。”

查理斯3岁那年才学会走路，但他的智商却明显低于其他孩子。有一次，姐姐指着镜子里的鼻子问查理斯：“这是什么？”查理斯想了半天回答：“这个是耳朵。”更糟糕的是，他口齿非常模糊，很多时候，就连他的父母都不知道他在说什么。

7岁那年，查理斯在翻看相册时看到姐姐在电视广告中的剧照。他一下子被迷住了。于是，他对父亲说：“我也想上电视。”父亲忧心忡忡地回答：“哦，那只是一个幻想。”查理斯马上反驳父亲说：“不，不是幻想，这是我的梦想。”

从这之后，查理斯将这一梦想牢牢记在了心里。只要有时间，他就刻苦地练习唱歌和跳舞。5年后，他在学校的圣诞晚会上扮演了一位牧羊人，整场演出他只有一句台词。但就是这句话，查理斯在家反复练习了无数遍，就连说梦话都是这句台词。演出当天，查理斯的台词虽然只有一句话，但他表达得非常准确。在这次演出中，一位好莱坞的制片人记住了查理斯的名字。

10年后，这位制片人的一部电视剧中需本个跑龙套的角色。于是，他拨通了查理斯的电话，就这样，查理斯接到了生命中第一个角色。终于，他圆了自己上电视的梦想。

接到这个跑龙套的角色后，查理斯仔细地琢磨着人物的性格，从多个角度思考着如何才能将这个人物演活。虽然这只是一个小小的龙套角色，查理斯也将它当成了一个不可或缺的重要角色。他每天都思考着如何才能将这个人物演绎得出色。功夫不负有心人，查理斯的努力没有白费。电视剧播出后，人们对于剧中的主角并没有太深的印象，反而对于查理斯演的这个出场次数不多的龙套角色产生了浓厚的兴趣。

就这样，查理斯得到了越来越多观众的认可，自己也频频出现在电视上。儿时的梦想终于成为了现实。后来，一位编剧专门为查理斯量身打造了一部电影。影片中的人物原型正是少年时代的查理斯。

影片播出后，在社会上引起了强烈的反响。查理斯成为了家喻户晓的明星，他终于实现了自己的梦想。

梦想是藏在心灵深处的最大的渴望，是成就事业的原动力，梦想能激发一个人的巨大潜能。梦想是人的一种生活状态，它可以让人展现出无限的激情，这种激情又可以让人创造出无法想象的奇迹。所以，人要有梦想。无论你的梦想有多遥远，只要你认识到它对你的重要性，每天为之而努力，你就会离它越来越近。即便有些梦想不能实现，但它会像一展明灯指引着你的人生方向。

歌德说过："人人心中有盏灯，强者经风不熄，弱者遇风即灭。这盏灯，就是梦想。"梦想是美好的，每个人都希望自己能美梦成真，但我们也要问问自己：你奋斗了吗？你为自己的梦想播种耕耘了吗？"努力是通向理想的必经之路，而奋斗是通向理想的必要条件。人的一生只有一次，只有不懈的努力与奋斗，才能战胜人生中的激流，找到那条梦想之路，跳过梦想之门，找寻属于自己奋斗而得来的果实。

刘易斯是法国一位著名皮草商的儿子。

一天晚上，刘易斯吃过晚饭正站在阳台上欣赏窗外的月色，突然发现在门前站着一位年轻人。这位年轻人脸色惨白，头发蓬松，一双眼睛正直愣愣地盯着刘易斯。

刘易斯走下楼去，问眼前这位潦倒的年轻人为什么站在这里。

年轻人叹了口气，对刘易斯说："我心中一直有个梦想，那就是拥有一座高档的别墅，就像您家一样。每天晚上，我都要站在阳台上欣赏月光。可是，我发现这对于我来说真的是一个梦而已。我现在最希望的，就是能够躲在一张宽大的床上美美地睡上一觉。"

听了这话，刘易斯笑着拍了拍年轻人的肩膀说："朋友，我可以让你现在就实现梦想。”

于是，刘易斯带着年轻人进了家中的别墅，然后把它径直带到自己的卧室中，指着那张宽大的床说：“我里是我的卧室，你今晚就在这儿睡吧！”说完，他又帮年轻人铺好了被褥，一切安排妥当之后，刘易斯才满意地到另一个房间休息去了。

第二天一早，刘易斯起床后的第一件事就是去自己的卧室去看那位年轻人。可是，他却发现被子并没有人动过。他疑惑地走到花园，发现那位年轻人正躲在花园冰冷的长椅上睡得正香。刘易斯走上前去，轻轻地拍醒了他。

看着睡眼惺忪的年轻人，刘易斯问：“你为什么不在家里睡，睡在这里很容易着凉的。”

年轻人歉意地笑了笑，他回答：“你给我的这些已经足够了，我真的不能在你的卧室睡。”说完，年轻人头也不回地离开了。

30年后的一天，刘易斯突然收到一封请柬，请他参加一个湖边度假村的落成庆典，落款是“一位30年前的朋友”。刘易斯想了半天，怎么也想不出自己曾经有过这样一位朋友。

刘易斯满腹疑虑地来到了指定地点。他被眼前的豪华建筑震惊了。在庆典上，刘易斯见到了许多社会名流。接下来，庄园的主人要即兴发言了。

“非常感谢大家来参加这次庆典。今天，我要感谢生命中第一个帮助过我的人，他就是我30年前的一位朋友——刘易斯。”话音刚落，他在众中热烈的掌声中走到刘易斯面前，并紧紧地握住了他的手。

刘易斯一下子没有缓过神来，他不解地问：“朋友，我好像从来没有见过您。”

“您还记得30年前睡在公园长椅上的那位年轻人吗？”庄园主激动地问。

此时，刘易斯才明白过来，眼前这位庄园主，在建筑界鼎鼎大名的维尔，正是那个30年前睡在长椅上的落魄少年。

在酒会上，刘易斯不解地问：“我到现在还不明白，你那天为什么没有睡在床上，反而去那冰冷的长椅上睡了一夜？”

维尔说：“你可能不知道。当我走进卧室，看着豪华的大床时，感觉梦想真的要实现了。可是，片刻之后我就否定了自己。我知道，那张床不管再豪华，它终究也不属于我。即使我睡在那里，第二天我依然一无所有。于是，我想要通过自己的奋斗，找到那张真正属于自己的床。现在，我终于找到了。”

有梦想的人总会创造出伟大的奇迹。梦想在不断地改变着世界，但有些人随着年龄的成长却又逐渐地失去了曾有的梦想。或许你会说现实太残酷，或许你会说梦想太遥远，或许你会说自己能力不够……有太多的或许，但这些都不是你放弃梦想的理由。

记住，没有梦想的人生是可悲的。梦想如同一张风帆，给人生的小舟加入前进的动力；梦想如同一盏明灯，给人生指明前进的方向。我们要用梦想去构筑生活，然后再从一个梦想中站起来迈进人生的另一个梦想，在不断的对梦想的追逐中实现完整自己的人生。

生活中，我们每一个人都应该有一个梦想。如果没有，请尽快寻找你的梦想吧。如果有梦想，那快朝着你梦想的方向行进吧。

没成功？只是缺少一点野心

世界上的人，不外乎分为两类：成功的人和不成功的人。在不成功的这部分人中，当然有些是奋斗过，却失败了的，而大部分却是那些不“想”成功的人。他们有的从未考虑过要成功；有的虽然也渴望成功，但对于潜在困难的恐惧感让他们选择了退缩，根本就不敢行动。也就是说，他们根本就不具备成功者的心态，缺少一种渴望成功的野心。

这是一个充满野心的时代，一个野心家横行的时代。长期以来，有野心被看作是一个性格缺陷，其实，野心应当被予以更好的声誉。今天，野心与成就都以前所未有的速度被人们张扬和接受。

拿破仑曾说过：“一个不想当将军的士兵不是一个好士兵”，强大的野心是驱使我们走向事业高峰的动力。出身贫寒的克林顿，17岁目睹了美国总统肯尼迪的风采。当总统肯尼迪握住这位阿肯色州小男孩双手的时候，他有了一个野心——他要成为美国总统！20年后，野心变成了现实！从小立志当美国总统的罗斯福，患有小儿麻痹症，是个瘫子。像这样一个人，他通过比常人更加艰苦努力的奋斗，在美国人获得广泛的人心与支持，成为美国历史上唯一一位连任四任的总统，四次实现了孩提时的野心！由此可见，“野心”是人类行为的推动力，人类通过拥有“野心”，可以有能力获取事业的成功。

德国一家电视台有一档智力游戏节目，栏目名称叫《谁是未来的百万富翁》。因为奖金丰厚，悬念迭出，吸引许多德国观众。但这档节目有一个特点，就是每答对一道题目，就可以获得相应的奖励，而如果继续答题时没有回答出，那么就退出比赛，并且剥夺已经取得的奖励。

前十几期没有一位参与者能够获得100万的奖励，能够在节目中有所收获的只是一些见好就收的人。

自节目开播几年来，虽然参赛者强手如林，可真正一路过关斩将到最后的人，从来没有出现过。因此，几乎所有的参与者都学乖了，最多到10万左右，便放弃答题，退出比赛。直到一位叫克拉马的青年人的参与，才第一次产生了百万巨奖。

令人奇怪的是，克拉马取得的百万巨款并不是因为他知识渊博，据当地媒体评论说，成就克拉马的不是他的学问，而是他的心理素质和欲望。因为在50万之后，每一道题都相当简单，只需略加思考，便能轻松答出。

那么多人与巨奖失之交臂，都是因为自己“见好就收”，没有成就百万富翁的野心。

野心是一个人实现梦想的关键因素。人有了野心，就有了力量的源泉。很多时候，决定一个人能否成功，不是这个人的才华，不是这个人的家境，更不是这个人的口头言论，而是这个人内心深处的欲望，一种实现目标、成为成功者的强烈欲望。

野心是获取财富的推助器，野心越大，动力就越大；动力越大，其行动就越有力；行动越有力，实现财富梦想的几率就越大。这些都是成正比的。如果你想要获得财富，就必须要让你的欲望变得非常强烈，因为只有拥有强烈的欲望才能使你奋进。

野心是什么？野心是目标，是梦想，是企图，是一个人成功的源动力！不怕做不到，就怕想不到，一个缺乏野心的人，是很难挣大钱的。《科学投资》通过研究发现提炼出的“中国创业者十大素质”中，将“野心”列在中国创业者素质的第一位。也就是说，无论是生存型创业者、变现型创业者、主动型创业者还是其他类型的成功创业者，他们都有着共同的特质，那就是都拥有强烈的野心。“野心”，实际就是一种生活目标，一种人生理想。

王均瑶曾是均瑶集团的董事长，也是“民营资本进入航空业”的第一人。他从一名普通的温州辍学青年，最后成为让资本“飞”上蓝天的企业家。他敢为天下先，凭借着野心和胆识开创了均瑶时代，谱写了一个草根企业家的神话。这一切都要从十几年前的事说起。

那时，王均瑶刚刚外出打工，还只是一个在湖南长沙讨生活的温州小伙子。1989年春节前夕，王均瑶和一帮老乡包了一辆大巴车回家过年。在崎岖山路上，他抱怨说“汽车真慢”，身旁的老乡就说：“飞机快，你包飞机回家好了！”随口一句挖苦的话，竟激起了王均瑶的野心。年轻气盛的王均瑶想，土地可以承包，汽车可以承包，为什么飞机就不能承包？

在野心的促使下，经过大半年的奔波，他终于承包下长沙至温州的航线。1991年7月28日，一架“安24”型民航客机从长沙起飞，平稳地降落于温州机场，王均瑶首开中国民航史私人包机的先河，成为中国私人包机第一人。

后来，王均瑶将“包飞机”的野心，用在了牛奶事业上，他判断：中国是目前世界上惟一一个白酒年消费量超过牛奶的国家，年人均喝奶不足7公斤。富起来的中国会有越来越多的人爱喝奶。1994年，均瑶乳品公司成立。1998年，他再展现大手笔，在家乡温州以平均每辆70万元拍得了上百辆出租车的经营权。他的野心是这样的——让每个到温州的人总能先见到“均瑶”。满地跑的是“均瑶”的品牌，就是一笔巨大的无形资产。

为了追求更高的理想，实现更大的抱负，王均瑶把公司总部搬到了上海。按说当时以王均瑶的财富，够他几辈子吃吃喝喝了。即使在温州发展，一年也能赚个一两千万，但他为什么要将总部迁移到上海呢？唯一的解释就是他想做得更大。

王均瑶说：“当我到上海时，就像一粒沙子掉到了一堆石头里，太微不足道了。在温州闭眼都认路的我，上了上海高架桥总下不来。为什么到这里？上海太像美国的纽约，它的人才资源和信息资源取之不尽，用之不竭。”这是他们进军上海的野心。

野心对一个人事业的成功起到重要的作用。为了实现心中那份埋藏已久的梦想，你一定要有“强烈的成功野心”。在这个瞬息万变的时代，在这个充满机遇的时代，没有野心的人是无法取得事业上的成功的。

心有多大，舞台就有多大。这是人生的哲学。一个有强烈野心的人，才会去追求自己的梦想；一个有伟大梦想的人，才会去做伟大的事情。如果你现在没有成功，没有地位，没有财富，无关紧要，只要你有野心，并由将这种野心贯彻到底的智慧、毅力和勤奋，那么你站在金字塔的塔顶的时候就指日可待。

拼爹不如拼实力，靠人不如靠自己

人，真正能依靠的只能是自己，只有用自己的力量克服困难、锻炼了顽强的意志，才能到达成功的彼岸。这既是人成熟的标志，也是每个成功者所具有的品质。

一个叫查理的男子，由于决策失误，他经营多年的工厂最终还是宣告破产了，一夜之间他从一个腰缠万贯的富豪沦落为一个债台高筑的穷光蛋。他难以接受这样的打击，情绪糟糕到了极点，他甚至想过要结束自己的生命。不过他没有这么做，而是想着去找一位久负盛名的牧师来给自己指点迷津。

牧师耐心地听完了查理的诉说后开口道："我非常同情你的遭遇，如果可以，我愿意尽我最大的努力来帮助你，让你再次成为一个富有的人。可是，现在我却不得不说我真的无能为力。"看着查理的神态，牧师接着说："我帮不了你并不意味着你注定要一直这样下去，我可以给你介绍一位高人，他肯定能够帮助你走出命运的低谷，重新找回往日的辉煌。""真的吗？他在哪里？"听完牧师的话，查理顿时来了精神。牧师说："你就是可以改变你命运的人，只有你自己才可以主宰你的命运。"查理明白应该靠自己来拯救自己，他赶忙谢过牧师。

不久之后，查理凭借出色的管理能力、非凡的洞察力和准确的决策能力，成为一家大公司的中层管理者。几年之后，他又自立门户开始创业，并最终取得了更大的成就。

英国经济学家亚当说过：“掌握自己才能掌握一切。战胜自己才是最完美的胜利。”命运是由自己去把握，而不是由谁去安排你的命运，只有你自己才是你人生的主人。过分依赖别人的人，不会有大的成就。与其一味地把希望寄托在别人身上，不如积极地行动起来，创造条件改变自己的命运，要知道自己的命运并不掌握在别人手里。

一个人如果要成功只能靠自己，靠自己什么呢？若要靠出身富贵、条件优越、智能超常、机遇幸运、环境如意等等所谓有利因素，那是靠不住的，甚至连身强力壮、时间充裕、使人理解和支持这些十分必要的条件也是靠不住的。那么，靠自己究竟靠什么？只能靠重新认识自我，发展积极的心理态度，只能靠认定自己就是一座金矿，认定自己是一个可以挖掘出无价之宝的宝藏。那么，最后你就一定能够获得成功。

拿破仑时期，德国国王向法兰西帝国的军队屈膝投降，并承诺每年都向拿破仑进贡。这样沉重的经济负担转嫁到老百姓身上，普通百姓的生活贫困不堪，他们更对政府的屈膝投降非常不满。

一天，德国国王带着随从们到汉堡一个很有名的教堂去游玩，神父阿兰诺跟随着他。国王在正殿里看到真主耶稣时马上恭恭敬敬地画十字，嘴里还念念有词，大概是说些希望主保佑之类的话。突然他发现耶稣的手也画成十字架的样子，觉得很奇怪。画十字是基督教教徒表达对主崇敬信仰的一种方式，而主怎么……国王问阿兰诺：“耶稣就是主了，他也画十字吗？”阿兰诺回答道：“怎么不画，他时时都在画呢。”国王觉得不可理解，又问：“我们画十字是企求主保佑，他画十字念什么呢？”阿兰诺答道：“他念‘无处不在救苦救难的主’。”国王一听哈哈大笑，说：“哪有自己念自己的道理呢？”阿兰诺说：“这就叫‘靠人不如靠己’呀。”国王一听就明白了，阿兰诺是在拐弯抹角地劝说自己，不要依附于强大的法兰西帝国，应该依靠自己的力量奋发图强啊。

上帝的力量是强大的，但上帝告诉我们，自己才是最强大的，靠人不如靠己，求人不如求己。一个人要想在社会上站稳脚跟，就必须以自立自强为核心，培养自我独立的精神。

教育家陶行知曾说过：“滴自己的汗，吃自己的饭，自己的事自己干，靠人，靠天，靠祖上，不算是英雄好汉。”的确，人若想取得任何事业的成功，都必须依靠自己的不懈努力。如果把自己的成功寄希望于别人身上，你也许永远也品味不到成功的甘甜。

当才华配不上梦想时，唯有努力学习

生命不休，学习不止，尤其是信息革命时代，每一个欲成大事的人都应该认识到，学习将成为终生的需要。

西方白领阶层流行这样一条知识折旧定律：“一年不学习，你所拥有的全部知识就会折旧80%。你今天不懂的东西，到明天早晨就过时了。现在有关这个世界的绝大多数观念，也许在不到两年时间里，将成为永远的过去。”的确如此。在当今知识经济时代，“一次性学习”早已不适应社会发展的需要，人们只有终身学习才不会落伍。一个人只有把学习视为一种精神境界、一种终身追求，你才能每天有所发现、有所收获、有所进步，才能不断增长新本领、创造新业绩、适应社会的发展要求。

时代不同，要求也不尽相同。过去一个人只要学会一技之长就可以终生享用，现在就不行了。今天还在应用的某项技术，明天可能就过时了。知识、技术更新换代的速度让人目不暇接，要使自己能够跟上时代发展的步伐，就要不断地学习。只有不断地学习，才能适应新环境，胜任新工作。

曾经有位记者这样问亚洲首富李嘉诚：“今天你拥有如此巨大的商业王国，靠的是什么？”李嘉诚回答说：“知识。”有位外商也曾经问过李嘉诚：“李先生，您成功靠什么？”李嘉诚毫不犹豫地回答：“靠学习，不断地学习。”的确，不断地学习知识，是李嘉诚成功的奥秘！

李嘉诚勤于自学，在任何情况下都不忘记读书。青年时打工期间，他坚持“抢学”，在经营自己的“商业王国”期间，他仍孜孜不倦地学习。一位熟悉李嘉诚的人说，晚睡前是他雷打不动的看书时间，他喜欢看人物传记，无论在医疗、政治、教育、福利哪一方面，对全人类有所帮助的人他都很佩服，都心存景仰。早在办塑料厂时他就订阅了英文塑料杂志，既学英文，又了解世界最新的塑料行业动态。在当时，懂英文的华人在香港是“稀有动物”。也正是因为懂得英文，使得李嘉诚可以直接飞往英美参加各种展销会，谈生意可直接与外籍投资顾问、银行高层打交道。如今，尽管李嘉诚已事业有成，但仍爱书如命，仍坚持不懈地读书学习。

李嘉诚说：“在知识经济的时代里，如果你有资金，但缺乏知识，没有最新的讯息，无论何种行业，你越拼搏，失败的可能性越大；但是你有知识，没有资金的话，小小的付出就能够有回报，并且很有可能达到成功。现在跟数十年前相比，知识和资金在通往成功的道路上所起的作用完全不同。”

学无止境。无论在何时何地，每一个现代人都要不断地学习。只有那些随时充实自己，为自己奠定雄厚基础的人才能在激烈竞争的环境生存下去。

学习的重要性不言而喻，歌德说过：“人不光是靠他生来就拥有一切，而是靠他从学习中所得到的一切来造就自己。”随着人类文明的发展，知识也需要不断地更新。因此，人天天都学到一点东西，而往往所学到的是发现昨日学到的是错的。只有不断学习，才能是自己跟上社会的发展。

1791年，法拉第出生在伦敦市郊一个贫困铁匠的家里。他父亲收入菲薄，常生病，子女又多，所以法拉第小时候连饭都吃不饱，有时他一个星期只能吃到一个面包，当然更谈不上去上学了。

法拉第12岁的时候，就上街去卖报。一边卖报，一边从报上识字。到13岁的时候，法拉第进了一家印刷厂当图书装订学徒工，他一边装订书，一边学习。每当工余时间，他就翻阅装订的书籍。有时甚至在送货的路上，他也边走边看。经过几年的努力，法拉第终于摘掉了文盲的帽子。

渐渐的，法拉第能够看懂的书越来越多。他开始阅读

《大英百科全书》，并常常读到深夜。他特别喜欢电学和力学方面的书。法拉第没钱买书、买簿子，就利用印刷厂的废纸订成笔记本，摘录各种资料，有时还自己配上插图。

一个偶然的机会，英国皇家学会会员丹斯来到印刷厂校对他的著作，无意中发现法拉第的“手抄本”。当他知道这是一位装订学徒记的笔记时，大吃一惊，于是丹斯送给法拉第皇家学院的听讲券。

法拉第以极为兴奋的心情，来到皇家学院旁听。作报告的正是当时赫赫有名的英国著名化学家戴维。法拉第瞪大眼睛，非常用心地听戴维讲课。回家后，他把听讲笔记整理成册，作为自学用的《化学课本》。

后来，法拉第把自己精心装订的《化学课本》寄给戴维教授，并附了一封信，表示：“极愿逃出商界而入于科学界，因为据我的想象，科学能使人高尚而可亲”。

收到信后，戴维深为感动。他非常欣赏法拉第的才干，决定把他招为助手。法拉第非常勤奋，很快掌握了实验技术，成为戴维的得力助手。

半年以后，戴维要到欧洲大陆作一次科学研究旅行，访问欧洲各国的著名科学家，参观各国的化学实验室。戴维决定带法拉第出国。就这样，法拉第跟着戴维在欧洲旅行了一年半，会见了安培等著名科学家，长了不少见识，还学会了法语。

回国以后，法拉第开始独立进行科学研究。不久，他发现了电磁感应现象。1834年，他发现了电解定律，震动了科学界。这一定律，被命名为“法拉第电解定律”。

法拉第依靠刻苦自学，从一个连小学都没念过的装订图书学徒工，跨入了世界第一流科学家的行列。恩格斯曾称赞法拉第是“到现在为止最伟大的电学家”。

1867年8月25日，法拉第坐在他的书房里看书时逝世，终年76岁。由于他对电化学的巨大贡献，人们用他的姓——“法拉第”，作为电量的单位；用他的姓的缩写——“法拉”作为电容的单位。

法拉第的故事告诉我们这样一个道理：在人的一生之中，要有所成就，就必须要不断学习并且把学习贯穿于自己的一生。

学习是一生一世的事，只有终生学习，不断学习，才能成为真正的强者，更好地实现自身的价值。正如古罗马的辛尼加所说：“学习并不在于学校，而在于人生。”这就说明了每个人在成功的道路上，是一刻也离不开学习的。只有不断地学习，才能不断地进步，只有不断地进步，才能一步步接近成功。

在这个“知识经济”时代，我们必须注重自己的学习能力，必须能够勤于学习，善于学习，并且终生学习，才能在竞争激烈的社会中立于不败之地。

要成功，你必须有强大的自信心

在人生成功的道路上，自信心比什么都显得重要。它是人生最可靠的资本，它能使人克服困难，排除障碍，不怕冒险。对于事业的成功，它比什么东西都更有效。

成功者有一个显著特征，就是他们无不对自己充满了极大的信心，无不相信自己的力量。而那些没有做出多少成绩的人，其显著特征则是缺乏信心。正是这种信心的丧失，使得他卑微怯懦、唯唯诺诺。

世界上所有的伟人们，都有一个正确的心态，心中时刻充满希望。在光明到来之前，他们在枯燥无味的苦苦求索中煎熬了多少年！要不是他们的信心、希望和锲而不舍的努力，成功的时刻也许永远不会到来。信心是一种心灵感应，是一种思想上的先见之明。

曾经担任过美国足联主席的戴伟克·杜根，说过这样一段话："你认为自己被打倒了，那么你就被打倒了。你认为自己屹立不倒，那你就屹立不倒。你想胜利，又认为自己不能，那你就不会胜利。你认为你会失败，你就失败。因为，环顾这个世界的成功例子，我发现一切胜利，皆始于个人求胜的意志与信心。你认为自己比对手优越，你就比他们优越。你认为比对手低劣，你就比他们低劣。因此，你必须往好处想，必须对自己有信心，才能获取胜利。在生活中，强者不一定是胜利者，但是，胜利迟早属于有信心的人。"

信心正是使人走向成功的第一要素。换句话说，你真正建立了自信，那么你就已开始步向事业的辉煌。

李四光是我国卓越越的科学家，地质力学的创立人。

在20世纪20年代之前，国际地质和地理学界长期流行一种观点，认为中国内地没有第四纪冰川。李四光想：外国地质学家并没有做过认真调查，凭什么说中国没有第四纪冰川？他不信洋人，1921年，李四光亲自到河北太行山东麓进行地质考察，1933到1934年又到长江中下游的庐山、九华山、天目山、黄山进行考察，然后写出论文，论证华北和长江流域普遍存在第四纪冰川。1939年，他又在世界地质学会发表《中国震旦纪冰川》一文，用大量实证肯定中国冰川遗迹的存在，这对地质学、地理学和人类学都是一大贡献。

20世纪初，美国美孚石油公司，曾在我国西部打井找油，结果毫无所获。于是以美国布莱克威尔教授为首的一批西方学者，就断言中国地下无油，中国是一个“贫油的国家”。

年轻的地质学家李四光偏偏不信这个邪：美孚的失败不能断定中国地下无油。他说：我就不信，油，难道只生在西方的地下？在这种强烈的自信心的支配下，他开始了30年的找油生涯。他运用地质沉降理论，相继发现了大庆油田，大港油田，胜利油田，华北油田，江汉油田。他当时还预见西北也有石油。今天正在开发的新疆大油田，也完全证实了他的预言。

李四光靠自信、自强彻底粉碎了“中国贫油论”。

信心对于立志成功者具有重要意义。有人说：成功的欲望是创造和拥有财富的源泉。人一旦拥有了这一欲望并经由自我暗示和潜意识的激发后形成一种信心，这种信心就会转化为一种“积极的感情”。它能够激发潜意识释放出无穷的热情、精力和智慧，进而帮助其获得巨大的财富与事业上的成就。

美国著名的教育家拿破仑·希尔曾说：“信心是生命和力量，信心是奇迹，信心是创业之本。”自信是一个人走向成功的非常重要的心理素质。大凡成功人士，都有着自信与积极的人生态度。他们始终以饱满的激情，强烈的自信心和积极的人生态度，去坦然地面对困难，并善于克服困难。

莎士比亚曾说：“自信是走向成功的第一步，缺少自信即是失败的原因”。爱默生说：“自信是成功的第一秘诀”。一个人只有心里充满必胜的信念，对自己所从事的事业坚信不疑，他才可能迈出坚定的步伐，产生克服困难的勇气和力量，想出解决问题的方法和对策，赢得他人的信赖和支持，最后才能到达为之奋斗的终点。

一个人拥有了自信，便获得了感染、影响他人的人格力量。自信的人一般都比较善于表现自己，善于表现自己的人能够通过自己适当的表现而获得周围人的认可。

美国 IBM 公司曾举行过一场大型的招聘会，在招聘现场云集了众多的行业精英，每个岗位前都排着长长的队伍。一个美国小伙儿看着自己面试前面拍着的众多应聘者，它深吸一 口气，鼓足勇气来到队伍的最前面，他站在面试官的面前说："请您在面试到我之前不要轻易地做决定，否则您会让公司失去一个难得的天才。"说完后，他又站会到自己在队伍中的位置。面试官先是一愣，随后饶有兴趣的等待着这个大胆的小伙子的表现。漫长的等待过后，小伙子终于站在了面试官的面前，他面对面试官侃侃而谈，他的一言一行都充满了自信。最后的结果是这个小伙子在众多应聘者中脱颖而出，正式成为 IBM公司的一员。他的自信征服了面试官，为自己赢得了最终的胜利。

自信体现了一个人的人格魅力。自信的人，言谈举止中所流露和表达的是一种激情，是一种催人奋进的豪迈，是一种无形的力量，这种力量的迸发能使人坚定沉着、冷静果敢。同时，你的自信也会感染他人，吸引他人的注意力，还会对你的事业发展有着巨大的推动作用。

自信是一种感觉，拥有这种感觉，人们才能怀着坚定的信心和希望，开始伟大而光荣的事业。自信的人，并不是处处比别人强的人，而是对事有把握，知道自己的存在有价值，知道自己对环境有影响力。他具有较强的自我管理功能，懂得如何安排自己的优势和弱势，而且在自信的心态下，他的优势更容易激发出来。自信能孕育信心，你能通过充满信心的活动使别人对你和你的意见产生信心。

自信对成功尤其重要，是人们事业成功的阶梯和不断前进的动力，同时自信又是积极向上的产物，也是积极向上的力量。在许多伟人身上，我们都可以看到超凡的自信心。正是在这种自信心的驱动下，他们敢于对自己提出更高的要求，并在失败中看到成功的希望，鼓励自己不断努力，从而获得最终的成功。

自信是对自己能力的一种肯定，为我们带来了成功，带来了胜利，同时也向外界显示了自己的信心。如果你对自己没有信心，那么你将永远无法到达成功的彼岸。

一勤天下无难事，一懒世间万事休

在成功的众多因素当中，勤奋是必不可少的。努力不懈、自强不息，这是成功者的一项基本素质。高尔基说过："天才就是勤奋。人的天赋就像火花，它既可以熄灭，也可以燃烧，而迫使它熊熊燃烧的办法只有一个，那就是勤奋。"爱迪生也说过："天才就是一分灵感加上九十九分汗水。"这些名言都在反复告诉我们这样一个永恒的真理：一个人能否取得成功，不是看他有多高的天赋，而关键在于他是否勤奋。

事实上，任何领域中的优秀人士之所以拥有强大的执行力，能高效地完成任务，就是因为他们勤奋，他们所付出的艰辛要比一般人多得多。

身高只有1.45米的原一平，貌不惊人，可是在日本的人寿保险界里，他却是一位响当当的人物。因为他在同行业中连续十五年夺得了全国业绩第一，被日本人尊称为“推销之神”。

原一平69岁时，一次应一家人寿保险公司的邀请作公开演讲。在演讲会上，有人问他推销成功的秘诀。他当场脱掉鞋袜，请提问者走到讲坛上，说：“请您摸摸我的脚底。”发问者莫名其妙，但也只好照原一平说的做了。

原一平问：“您觉得怎么样呢？”

提问者说：“您的脚底茧好厚啊！”

“不错，我的脚茧特别厚，您知道这是为什么吗？”

“为什么呢？”

“因为我走的路比别人多，比别人跑得勤，所以脚茧特别厚。”

提问者这才恍然大悟，道谢而去。

原来，原一平的意思是说，他推销成功的秘诀唯有“勤”字而已。

原一平在从事推销人寿保险工作之初，因为没有固定收入（没有固定薪金，收入完全来自成交额提取的佣金），所以有三年多的时间，不吃中餐（没钱吃），不搭电车（没钱搭车），每天用那双勤奋的脚，马不停蹄地推销。

他平均每个月要用掉1000张名片，每天一定要访问15位准客户，没访问完毕就决不作罢。他经常因受访者不在，而在晚餐后再去访问，常常是晚上11点后，才能回家休息。

由于他访问勤快，五十年来，他积累了2.8万个准客户，这就是他被誉为“推销之神”的由来。

原一平以自己的切身体验，深有感触地说，“好运”眷顾努力不懈的人。

“业精于勤，荒于嬉”，机会总是垂青于那些勤奋努力、早有准备的人。一个人要想在这个竞争激烈的时代脱颖而出，就必须付出比他人更多的汗水和努力，具有一颗积极进取、奋发向上的心，否则只能由平凡变为平庸，最后成为一个毫无价值和没有出路的人。

勤奋是一笔价值远远超过黄金的财富，纵然你有黄金万两，但如果坐吃山空，你总会有穷困的一天，唯有勤奋才是永不枯竭的财源，这一点，我们应该牢记在心。勤奋能使人走向成功。

美国有一个人，在一年之中的每一天里几乎做的是相同的一件事情；天刚刚放亮，他就伏在打字机前，开始自己一天的工作，这个男人名叫斯蒂芬·金，是国际上著名的恐怖小说大师。斯蒂芬·金有着十分坎坷的经历，他曾经穷的连电话费都交不起，电话公司因此把他的电话线掐断了，后来，他成了世界上著名的恐怖小说大师，整天稿约不断，一部小说常常储存在他的大脑之中，出版社高额的订金就支付给了他，如今，他算得上是世界上的大富翁了，可是，他仍然是在勤奋的创作中度过每一天的。

斯蒂芬·金成功的秘诀很简单，只有两个字：勤奋。一年之中，他只有三天的时间不写作，也就是说，他的休息时间也只有三天。这三天是：生日，圣诞节，美国独立日(国庆节)，勤奋给他带来的好处是永不枯竭的灵感。

斯蒂芬·金有一个与其他作家的不同点：一般的作家在没有灵感的时候，就改主意去干别的事情。从不逼自己硬写，但斯蒂芬·金在没有什么可写的情况下，坚持写五千字也是他每天必须的。这是他在早期写作时，他的一个老师传授给他的一条经验，因此他也坚持这么做了，这使他终身受益；他说：“灵感的恐慌我从来没有过；做一个勤奋的人，阳光每一天的第一个吻触，始终是落在那些勤奋者的脸颊上的。”

可见，勤奋足以使人们成就事业，它是所有成就伟大事业者的共同个性。世界上没有任何东西可以比得上、可以代替勤奋的意志，教育不能替代，多财的父母、多势的亲戚以及其他的一切，也都不能代替。唯有勤奋才能让你做出非凡事业来，也唯有勤奋才能成全你的人生和事业。

勤奋是成功之本。一个人要想在这个竞争激烈的时代脱颖而出，就必须付出比他人更多的汗水和努力，具有一颗积极进取、奋发向上的心，否则只能由平凡变为平庸，最后成为一个毫无价值和没有出路的人。

成功与勤奋是密不可分的，如果想获得成功就必须通过勤奋的努力，俗话说得好：“一分耕耘，一分收获。”没有辛勤的付出哪能有成功的源泉。成功的路上无捷径，只有勤奋才是成功的源泉。

第四章 现在就去做，人生没有太晚的开始

光说不练没有用，行动才是王道

古人云：“事虽小，不为不成；路虽近，不行不到。”意思是说看似很小的事情，你不去做便不能成功；很短的一段路程，如果不去走，那么也不会到达终点。成功需要你将想法转化为行动，只有行动了你才会收获成功，而不是只要默默观赏就会成功的。

意大利著名的航海家哥伦布发现新大陆后不久，在西班牙的一次欢迎会上，有位贵族突然口出狂言：“发现新大陆并没有什么了不起，这不过是件谁都可以办到的小事，根本不值得如此张扬。”这位贵族继续说道：“哥伦布只不过是坐着轮船往西走，再往西走，然后在海洋中遇到了一块大陆而已。我相信我们之中的任何人只要坐着轮船一直向西行，同样会有这个微不足道的发现。”哥伦布听完贵族的这番“高论”之后，并没有表现出丝毫的尴尬，只见他漫不经心地从身边的桌上拿起一个煮熟的鸡蛋，微笑着说：“各位请试一试，看谁能够使鸡蛋的小头朝下，并竖立在桌上。”

大家用尽了各种办法，结果却没有一个人获得成功。哥伦布拿起手里的鸡蛋，用小头往桌上轻轻一敲，鸡蛋便稳稳地竖立在桌上了。

那位贵族不服气地说：“你把鸡蛋敲破，当然就能竖立起来，用这样的方法我也能够做到。”

哥伦布起身很有风度地环顾着在座的每个人说：“是的，世界上有很多事情做起来都非常容易，不过其中最大的差别，就在于我已经动手做了而你们却至今没有。”

说一尺不如行一寸。有想法是好的，但再好的想法也要付出行动。因为行动才会产生结果，行动是成功的保证。俄罗斯作家克雷洛夫曾说过：“现实是此岸，理想是彼岸，中间隔着湍急的河流，行动则是架在河上的桥梁。”任何伟大的目标、伟大的计划，最终必然落实到行动上才能实现，行动是完成计划奔向目标获得成功的保证。

你可以界定你的人生目标，认真制定各个时期的目标，但如果你不行动，还是会一事无成。冥思苦想，谋划着自己如何有所成就，是不能代替身体力行去实践的，没有行动的人只是在做白日梦。

心动不如行动。再美好的梦想与愿望，如果不能尽快在行动中落实，最终只能是纸上谈兵，空想一番。有人说，心想事成。这句话本身没有错，但是很多人只把想法停留在空想的世界中，而不落实到具体的行动中，因此常常是竹篮子打水一场空。所以，有了梦想，就应该迅速有力地实施。坐在原地等待机遇，无异于盼天上掉馅饼。

有一位名叫西尔维亚的美国女孩，她的家庭条件很不错，完全有机会实现自己的理想。她从念中学的时候起，就一直梦寐以求当电视节目的主持人，她觉得自己具有这方面的才干。因为每当她和别人相处时，即便是生人也都愿意亲近她并和她长谈。她知道怎样从人家嘴里掏出心里话。她的朋友们称她是他们的“亲密的随身精神医生”。她自己常说：“只要有人愿意给我一次上电视的机会，我相信我一定能成功。”

但是，她什么也没做，而是在等待奇迹出现，希望一下子就当上电视节目的主持人。

西尔维亚不切实际地期待着，10年过去了，结果什么奇迹也没有出现。

谁也不会请一个毫无经验的人去担任电视节目主持人。而且，节目的主管也没有兴趣跑到外面去物色人才，相反都是别人去找他们。

另一个名叫辛迪的女孩却实现了同样的理想，成了著名的电视节目主持人。辛迪并没有白白地等待机会出现。她不像西尔维亚那样有可靠的经济来源，所以白天去打工，晚上在大学的舞台艺术系上课。毕业之后，她开始谋职，她跑遍了洛杉矶每一个广播电台和电视台。但是，每一个地方的经理对她的答复都差不多：“没有几年工作经验的人，我们是不会雇用的。”

但是，她不愿意退缩，也没有等待机会，而是走出去寻找机会。她一连几个月仔细阅读广播电视方面的杂志，最后终于看到一则招聘广告，北达科他州有一家很小的电视台招聘一名预报天气的女主持人。

辛迪是加州人，不喜欢北方。但是，有没有阳光、是不是下雪都没有关系，她只是希望找到一份和电视有关的职业，干什么都行！她抓住这个工作的机会，动身到北达科他州。

辛迪在北达科他州工作了两年，最后在洛杉矶的电视台找到了一个工作。又过了5年，她终于得到提升，成为她梦想已久的电视节目主持人。西尔维亚那种失败者的思路和辛迪的成功者的观点正好背道而驰。她们的分歧点就在于，西尔维亚在10年当中，一直停留在幻想中，坐等机会，期望时来运转。而辛迪则是采取行动，首先，她充实了自己；然后，在北达科他州受到了训练；接着，在洛杉矶积累了比较多的经验；最后，终于实现了理想——电视节目主持人。

在通往成功的道路上，光有远大的理想是不行的，还要付诸行动，否则理想就是空想。在理想的实现上，成功者的共性是，一旦锁定目标，就马上行动起来，不断拼搏，不达目标誓不罢休。

空想家与行动者之间的区别就在于是否进行了持续而有目的的实际行动。实际行动是实现一切改变的必要前提。我们往往说得太多，思考得太多，梦想得太多，希望得太多，我们甚至计划着某种非凡的事业，最终却以没有任何实际行动而告终。

立刻行动起来，不要有任何的耽搁。要知道世界上所有的计划都不能帮助你成功，要想实现理想，就得赶快行动起来。成功者的路由千条万条，但是行动却是每一个成功者的必经之路，也是一条捷径。

也许你早已经为自己的未来勾画了一个美好的蓝图，但是它同时也给你带来烦恼，你感到自己迟迟不能将计划付诸实施，你总是在寻找更好的机会，或者常常对自己说：留着明天再做。这些做法将极大地影响你的做事效率。因此，要获得成功，必须立刻开始行动。任何一个伟大的计划，如果不去行动，就像只有设计图纸而没有盖起来的房子一样，只能是一个空中楼阁。

万事始于心动，成于行动，行动是成功的阶梯，目标越明确，行动越迅速，成就自然就越大。

现在的拖延，都是对未来的挥霍

在哈佛图书馆墙壁上有这样一条训言：“勿将今日之事拖到明日。”哈佛大学通过这条训言告诉学生：拖延是行动的死敌，也是成功的死敌。

拖延总是以借口为向导，让我们坐失机会，而借口总是合情合理，让拖延顺理成章，习惯成自然，让我们的心灵难以觉察。在不知不觉中，拖延已不仅仅是一个习惯，而且成为了一种生活方式。拖延使我们所有的美好理想变成真正的幻想，拖延令我们丢失今天而永远生活在“明天”的等待之中，拖延的恶性循环使我们养成懒惰的习性、犹豫矛盾的心态，这样就成为一个永远只知抱怨叹息的落伍者、失败者、潦倒者。

有一位年轻人医科大学毕业后，分到一家医院当实习医生，但他并不喜欢医生这个职业，这也不是他的理想。他从小就羡慕那些纵横商海的生意人，他原想下海做生意，但由于父母的意见，他不得不去做自己不喜欢的事情。

当今社会，有个稳定工作不容易。为了他现在的这份工作，父母出钱出力，好不容易才把他安排到这家医院。可是工作了半个多月，他就感觉自己实在无法忍受下去了。病房里四处弥漫着难闻的浓重药水味，整日里听到的都是病人痛苦的呻吟声和病人家属愁苦的叹息，还有亲朋好友间的生离死别。有一天夜里他值夜班，手术室 那头突然传来撕心裂肺的哭喊，原来是一个小女孩被车撞了，送到医院因抢救无效而死亡。看着小女孩的 父母那副伤心欲绝的样子，他下定决心似地想：一定要换一个职业，不做这行了。

可是此后又一想：自己好不容易才拿到医师的资格，而且这份工作也来之不易，医院的福利和待遇也很不错，不少人想进还进不来呢!再说，自己当初学的就是这个专业，如果现在转行去做别的工作，没有相关的人际关系不说，自己也没有相关的知识和能力。于是他动摇了，迟迟不能作出决定。

就这样过了几年，他认识了一个女人，两个人相处得很不错，不久就商量着要结婚。为此他按揭了房子，举行了婚礼，然后还去日本度了蜜月。一年之后，还有了一个可爱的儿子。然而这一切一点也没冲淡 他想要转行的念头。他还是觉得自己不适合当医生，他的兴趣和爱好不在这里。不久前他参加了一个同学会，发现一些当年像自己一样在单位上班的人，现在都辞职下海了，有了自己的事业，而且都还干得风生水起。

可当面临抉择的时候，他又犹豫了。现在的这份工作虽不能让他过上更富足的生活，也还是一个不错的职业，付了每月的房贷之后，一家人的生活还是很宽绰的。再看着一天比一天长大的儿子，也需要一个温暖而稳定的家。想想这些，他咬咬牙忍了，决定先再拖几年! 人生是如此的短促，美好的时光一晃而过，转眼 他已经四十岁了。医生这个行当对他来说，已经轻车熟路，不用再费什么劲儿了。只是他并未因此而感到 轻松，相反，他比以往任何时候都感到焦虑。前几天，他在镜子里发现自己长了不少的白头发，突然有了一种“日已迟暮”的感觉。一想到自己有可能就这样老去了，却连自己想做的事还没有做，不是白白来这个世上走一遭吗！这一次他下定了决心，要去做自己想做的事，绝不能再拖了。可当他把自己的决定说给家人听的时候 ，却招来了一致的反对，而且还都说得很在理。他想 一想也是，自己这几年虽然没做出什么成绩，可在这行也算是个老手了，若换个行业，一切还得从头再来 ?会是个什么样子，谁也说不清楚。纠结归纠结，最后他还是决定再干几年再说吧！就这样，一直拖来拖去，他也到了该退休的年龄。看着镜子里自己花白的头发，苍老的面容，回想自己这一生就快这么耗尽了，却并没做出任何成绩，只是庸庸碌碌地过着，感觉不到一点人生的价值和意义。他懊悔不已。

可见，拖延让人一无所获，是对宝贵生命的一种无端浪费。暂时的拖延，也许能获得片刻的轻松。但美好的人生却会在自己的拖延中渐行渐远，最终可望而不可即，甚至连望都望不到。记得有人说过，人的一生中不用奋斗就能得到的只有年龄。而组成年龄的只有时间。因此我们选择拖延，就是在浪费时间，浪费我们的生命。

在我们的生活和工作中，拖延的情况不断发生，如果把你一天的时间记录下来，你会发现，拖延不知不觉地消耗量你大部分的时间。

拖延是一种恶习，这个坏习惯，并不能使问题消失或者使解决问题变得容易起来，而只会制造问题，给生活造成严重的危害。

对一位渴望成功的人来说，拖延最具破坏性，也是最危险的恶习，它使人丧失进取心。一旦开始遇事推脱，就很容易再次拖延，直到变成一种根深蒂固的习惯性的拖延。

美国哈佛大学人才学家哈里克说：“世上有93%的人都因拖延的陋习而一事无成，这是因为拖延能杀伤人的积极性。”拖延时间的心理，只会使我们在“现在”这个时段更加脆弱，并且耽于幻想。

詹姆斯是个50岁的中年男人，他有一个坏毛病，就是凡事都拖延。本来他极想成功，但什么事都不能准时完成，结果因积压下来的工作而痛苦，最后几乎因为拖延这个恶习失去了工作。

但几年以后他却成为了一家旅游公司的总经理，别人问他使用了什么方法，他娓娓道来：“一个星期六的下午，我坐在一家避暑旅馆的走廊上看书，无意中听到一个人在和他的家人谈话。这位做父亲的仍决定不了，该在当天下午还是次日上午去驾船，这天气候很好。第二天尚许更好。孩子们很想立即出发，而那父亲却还是唠叨着，现在去还是明天去。这个人的犹豫让我感到不耐烦，心里骂他：‘为什么还不快做决定，这个美丽的下午就快过去了。’忽然我一下想到，这不也正是自己的毛病嘛。我办事不成功不在能力方面，而是在采取决定的方面。其实有些事情本身没有那么复杂。意识到这一点，我从此改变了行为方式。我对自己说：‘要是我不愿意立刻就做一件事，那么我就要求立刻去做并决定在什么时候才做，而到时就非做不可！’几年来，我就是这样督促自己，用‘赶快决定’这么一个简单的方法使自己获得成功。”

立刻行动起来，不要有任何的耽搁。“立即行动”，是自我激励的警句，是自我发动的信号，它能使你勇敢地驱走拖延这个坏习惯，帮你抓住宝贵的时间去做你所不想做而又必须做的事。

成功者必是立即行动者。对于他们来讲，时间就是生命，时间就是效率，时间就是金钱，拖延一分钟，就浪费一分钟。只有立即行动才能挤出比别人更多的时间，比别人提前抓住机遇。所以，我们必须改掉拖延的恶习，立即行动。

不但要有成功的想法，还得为了圆梦采取行动

只有梦想是不够的，要想成大事，你必须为自己的理想追求到底的决心，并且要马上行动。梦想是成大事者的起跑线，决心是起跑时的枪声，行动才是奔跑者全力的奔驰。唯有不断付诸行动，方能实现梦想。

看看女作家海伦，是如何实现自己梦想的吧：

> 海伦在年少时就有一个梦想，她想成为一位作家。但是，她并没有充足的时间去进行创作。生活的重担让她每天为温饱而忙碌，根本没有心情去写作。可是，她并没有忘记自己的梦想。50岁的那天，她退休了，终于有空闲的时间了。
>
> 为了实现自己儿时的梦想，海伦开始创作，并写下了自己的第一部悬疑小说。她满心欢喜地把稿件寄给了三家出版社，可是，她收到的却是三份退件。不过，她并没有灰心，

将书稿又寄给了三十三家代理商，但没有一家愿意代理出版她的作品。

代理商认为海伦的作品很有创意，但对一部可以出版的稿件来说，仅有创意远远不够。也就是说，他们认为海伦的小说除了创意之外一无所有。海伦并不认为这是一个打击，她认为这是自己提高写作水平的机会。因为有了这些批评，她就知道了自己的弱项在哪里，强项是什么。

为了写出更好的稿件，海伦报名参加了一个研习班，主要学习犯罪调查理论和辩论的技巧。此外，她还搜集和犯罪有关的文章，并和犯罪学专家聊天，为自己写作积累素材。时间一长，海伦的写作技巧有了很大的提高，而且积累的素材也越来越丰富。于是，她重新构思，又开始了创作。

在一个作家会议上，海伦带去了自己已经完成了一部作品。这次，她把每家代理商的情况考察了一遍，然后选择了实力最强大的一家，把稿件交给他们看。果然不出所料，出版商看完小说，马上就问她："你想要多少稿费？"

海伦计算了一下，认为如果自己有12万美元就可以在两年内安心写作，还可以进一步研修，于是给代理商说出了这个数字。代理商立即就同意了，就这样，海伦出版了自己第一部小说《盐的世界》，当时，她已是52岁高龄了。

有梦想还需要付出努力，这样才能把梦想变为现实，这就是海伦带给我们的启示。

俞敏洪说："一个人要实现自己的梦想，最重要的是要具备以下两个条件：勇气和行动。"的确，我们不仅要有敢于做梦的勇气，同时也一定要让自己的梦想扎根在现实的土地上。这好比放风筝：要想让它飞得高，就一定要把那根长线牢牢地攥在手中。说得更形象一点，梦想就像是一辆车，而对自我和社会现实的认识就像是车轮，如果我们不让车轮着地，那么这辆车就永远也到达不了终点。

18岁那年，他有一个美好的梦想，希望能考上一所重点大学。本来他的这个梦想并不遥远，除了英语成绩差些外，其它学科都相当不错，只要他肯稍加努力，将英语成绩提上去，完全可能实现自己的愿望。然而遗憾的是，他太惧怕那些枯燥的A、B、C，只坚持了几天就退缩了。结果，他的这个梦想真的只是一个梦，尚未行动就夭折了。

23岁那年，他有一个美好的梦想，希望能取到一位漂亮的姑娘。本来他的这个梦想并不遥远，因为他善良淳朴，乐于助人，勤奋踏实，很多女孩子都喜欢他。然而遗憾的是，他十分自卑，认为没有房子，没有车子，没有存款，人家凭什么喜欢自己呢?于是，当那个心仪的女孩真正走进他的生活时，他选择了退缩，连与别人交往的勇气都没有。结果，他的这个梦想真的只是一个梦，尚未行动就夭折了。

25岁那年，他有一个美好的梦想，希望成为一个有钱人。本来他的这个梦想并不遥远，因为他精明能干，很有做生意的天赋，并且也看准了一个赚钱的项目，只要他大胆地按计划实施，再假以时日，他极有可能成为一个让人羡慕的富翁。然而遗憾的是，他害怕风险，舍不得放弃安逸稳定的生活。权衡再三之后，最终他选择了放弃。结果，他的这个梦想真的只是一个梦，尚未行动就夭折了。

70岁那年，他有一个梦想，希望能在人间留下了一些痕迹，这次他没有犹豫，因为他知道自己剩下的时光实在不多，于是他排除一切干扰，静心写作，数年如一日。三年后，他成了一位知名的作家。此刻，他才真正意识到行动是多么的重要。

圆规为什么可以画圆？因为脚在走，心不变。你为什么不能圆梦？因为心不定，脚不动。

正如智者的一句话：与其坐而论道，不如起而躬行。面对人生、面对梦想，怀有务实的心态，付诸实践，才能让你的梦想不成为空谈，更不会只是笑谈。

对于现实中的人来说，不同的人可以拥有不同的梦想。有些人希望获取财富，有些人希望自身价值得到认可和体现，有些人希望能填补经济市场中的某个空白，或者承担起自己的一份社会责任。无论一个人选择什么样的梦想作为自己的奋斗目标，一旦确立下来，就必须毅然付出全部的努力朝这个目标前进。只有这样，梦想才会具有价值，人生也因此更有意义。

犹豫不决，成功的机会就会溜走

有一位作家说过："世界上最可怜又最可恨的人，莫过于那些总是前瞻后顾，徘徊在取舍之间的人；莫过于那些无法承受压力，犹豫不决的人；莫过于那些容易受他人影响，没有自己主见的人；莫过于那些拈轻怕重，不思进取的人；莫过于那些从未感受过自身伟大内在力量的人，他们总是背信弃义、左右摇摆，最终自己毁坏了自己的名声，最终一事无成。"

在通往成功的路上，犹豫不决绝对是一块绊脚石。它能冷笑着挡在你面前把好容易才露面的机遇白白放跑，还能蒙蔽你的心智让你做出昏聩的决断，还可能让你的前途迷雾漫漫，压力重重。所以，你必须要向它宣战了！趁这个可怕的敌人还没有长成能绝对伤害你的力量时，趁它还没有给你带来痛苦的压力时，不要手软，立即把它置之死地吧，千万不要等到失败的时候才后悔为什么当初自己就那么的优柔寡断呢？

三国时期的袁绍集团，虽然曾经谋士如云，战将如雨，但是由于袁绍的“多谋少决”，导致事业发展缓慢，甚至走向下坡路。

原本，袁绍手下谋士如云，这是一个极为有利的条件，但一到决策时，众谋士各抒己见，他就失去了主心骨，不分良莠，不知取舍，优柔寡断。

在白马之战中，袁绍听说有一位赤脸长须使大刀的勇将斩了他的大将颜良后大怒，谋士沮授乘机建议他及时除去刘备。此时袁绍指着刘备说：“汝弟斩吾大将，汝必通谋，留尔何用！”说着就要推刘备出去斩首。

刘备从容地说：“天下同貌者不少，岂赤面长须之人，即为关某也？明公何不鉴之？”

袁绍听后，马上改变了主意，反而责怪沮授：“误听汝言，险杀好人。”遂仍请玄德上帐坐，议报颜良之仇。接着，关羽又杀了大将文丑。郭图、审配入见袁绍说：“今番又是关某杀了文丑，刘备佯推不知。”袁绍听后大骂：“大耳贼！焉敢如此！”命令将刘备拿下斩首。刘备又辩道：“曹操素忌备，今知备在明公处，恐备助公，故特使云长诛杀二将。公知必怒。此借公之手以杀刘备也。愿明公思之。”

袁绍听后，反过来责备郭图、申配等人：“玄德之言是也。汝等几使我受害贤之名。”

袁绍两次欲杀刘备，而刘备都化险为夷，一方面可以说是刘备机敏善辩，但从另一方面却显示出袁绍出尔反尔、多谋少决、谋而不断的软肋。

人处在混乱中时，往往会犹豫不决，但事情紧迫时，必须果断地做出自己的选择。优柔寡断和拖泥带水，只能坐失良机。歌德曾经说过：迟疑不决的人，永远找不到最好的答案，因为机遇会在你犹豫的片刻失掉。

对成功者来说，犹豫不决是致命的弱点。古人说：“难得而易失者时也，时至而不旋踵者机也。”说明面对时机要知道，时不再来，机不可失，凡事要当机立断。只要是自己认为对的事情，绝不可优柔寡断，必须马上付诸行动。不能做决定的人，固然没有做错事的机会，但也失去了成功的机运。

行动能使人走向成功，似乎人人都知道，但当人们面临行动时，往往就会犹豫不决，畏缩不前。“语言的巨人，行动的矮子”的人不在少数。

岳鹏还有半个月就大学毕业了。一天，他接到了准备聘用他的那家广告公司打来的电话，说现在策划部急需一个人，如果可能的话过两天就来上班。岳鹏为此事而感到忧心忡忡，虽然这是他向往已久的一家知名的广告公司，可是此刻他真的没想好到底要不要去。

因为他的爸爸是个小有名气的企业家。通过关系，岳鹏的工作解决了，是他们当地最有名的一家国有企业。据说工作很轻松，用不了两年就可享受公务员的待遇。

两份好工作，让岳鹏陷入了两难的境地。留在北京意味着在这偌大的城市里，岳鹏只有靠自己的打拼谋求一席生存的空间，今后的生活面临的无疑是未知的困难与挑战。而回到父母身边，则什么也不用自己操心。难道年轻的岳鹏能够这么轻易就放弃自己一直以来的理想与追求？周围的同学、朋友众说纷纭，搞得岳鹏也不知道哪个是对，哪个是错。

两天的时间很快就过去了，但岳鹏还是犹豫。最终，他没有踏进那家广告公司的大门。

在父母的一再催促下，岳鹏终于踏上回老家的列车。在父母的安排下，岳鹏糊里糊涂地进了那家国企。上班没一个月，他就开始厌倦这种生活了。

辗转反侧很长时间，岳鹏想，要不再给那家广告公司打个电话，或许还有希望。拨通了广告公司的电话，岳鹏才明白，在犹豫不决中，他已经失去了机会。

机会的流失往往在反复考虑之间，所以，机会来时，你便应打开大门迎接，立即行动起来，以免稍有迟疑使你丧失即将到手的机会。伟大的成功，永远是属于少说多做的人，而不是那些一味等待的人。

获得成功的最有力的办法，是迅速做出该怎么做一件事的决定。排除一切干扰因素，而且一旦做出决定，就不要再继续犹豫不决，以免我们的决定受到影响。有的时候犹豫就意味着失去。实际上，一个人如果总是优柔寡断，犹豫不决，或者总在毫无意义地思考自己的选择，一旦有了新的情况就轻易改变自己的决定，这样的人成就不了任何事！记住，想成功就一定不要犹豫不决。

只要你想，一切皆有可能

人类生存中有一项不可否认的事实：只要是人类可以正当追求的，都有可能获得成功。英国大作家约翰生曾说过：“在勤奋和技巧之下，没有不可能成功的事情。”的确，没有做不到的事情，只有你想不想做，或许当你做一件事情的时候会遇见很多的困难，但只要你发自内心地想做，最后还是会成功的。人生没有达不到的高度，只有不远攀登的心。

林语堂先生讲过一句话：“为什么世界上95%的人都不成功，而只有5%的人成功？因为在95%人的脑海里，只有三个字‘不可能’。”的确，大多数人常常被“不可能”三个字困扰，无时无刻不在侵蚀着他们的意志和理想，其实，这些“不可能”大多是人们的一种想像，只要能拿出勇气主动出击，那些“不可能”就会变成“可能”。如果你认为自己的愿望永远不可能实现，那它也永远只能是你的愿望；如果你相信愿望终会变成现实，那这就没有什么不可能。不要在心里为自己设限，那将是你无法逾越的障碍。

或许你会说这套理论太玄妙、太理想化，在崇尚唯物主义的世界里，这个观念近乎荒谬。正因为如此，“大部分人”都是普普通通的过“正常的”生活，只能平平凡凡过一生，他们并不是成功者。

1862年9月，美国总统林肯发表了将于次年1月1日生效的《解放黑奴宣言》。在1865年美国南北战争结束后，一位记者去采访林肯。他问：“据我所知，上两届总统都曾想过废除黑奴制，《宣言》也早在那时就起草好了。可是他们都没有签署它。他们是不是想把这一伟业留给您去成就英名？”林肯回答：“可能吧。不过，如果他们知道拿起笔需要的仅是一点勇气，我想他们一定非常懊丧。”林肯说完匆匆走了，记者一直没弄明白林肯这番话的含义。

直到1914年林肯去世50年后，记者才在林肯留下的一封信里找到了答案。在这封信里，林肯讲述了自己幼年时的一件事：我父亲以较低的价格买下了西雅图的一处农场，地上有很多石头。有一天，母亲建议把石头搬走。父亲说，如果可以搬走的话，原来的农场主早就搬走了，也不会把地卖给我们了。那些石头都是一座座小山头，与大山连着。有一年父亲进城买马，母亲带我们在农场劳动。母亲说，让我们把这些碍事的石头搬走，好吗？于是我们开始挖那一块块石头，不长时间就搬走了。因为它们并不是父亲想像的小山头，而是一块块孤零零的石块，只要往下挖一英尺，就可以把它们晃动。

林肯在信的末尾说：有些事人们之所以不去做，只是他们认为不可能。而许多不可能，只存在于人的想像之中。

这个故事很有启迪性。它告诉大家，有的人之所以不去做或做不成某些事，不是因为他没这个能力，也不是客观条件限制，而是他内心的自我想像首先限制了他，是他自己打败了自己。

很多时候，不是不可能，只是暂时没有找到方法。正如哈瑞·法斯狄克所说：“这世界现在进步得太快了，如果有人说某件事不可能做到，他的话通常很快就会被推翻，因为很可能另一个人已经做到了。在信心和勇气之下，只要我们认为可以做到，就可以以科学的方法推翻‘不可能’的神话，我们就可能做成任何我们想做的事情。”

在积极者的眼中，永远没有“不可能”，取而代之的是“不，可能”。积极者用他们的意志，他们的行动，证明了“不，可能”的“可能性”。

人的潜能是巨大的，一个人只有具备积极的自我意识，才会知道自己是个什么样的人，并知道能够成为什么样的人，从而他才能积极地开发和利用自己身上的巨大潜能，将不可能的事变成可能，干出非凡的事业来。

有一次，松下幸之助去松下通信工业办事，恰巧遇到干部们正在开会。松下问他们：“今天开的什么会？”有人苦着脸说：“丰田汽车要求大幅度降价。”详情是丰田要求从松下通信购买的汽车收音机的价钱，自即日起降价5%，半年后再降15%，总共降价20%。丰田作这种要求所持的理由是：面临贸易自由化，与美国等汽车业竞争的结果，日本车售价偏高，难以生存。

丰田为了降低售价提高竞争力起见，因此希望供应汽车收音机的松下通信工业也都降价20%。

在了解情况之后，松下问：

“目前我们的利润如何？”

“大约只赚3%而已。”

“才这么一点？3%实在少了一些。在这种情况下还要降20%，那怎么得了！”

“就是因为这样大家才开会研究。”

会议是要开的，不过松下想这个问题恐怕没有那么容易解决。目前也不过才赚3%，如果再降20%，那岂不是要亏17%？就一般常识而言，这种生意能还做吗？

固然，松下通信也可以一口回绝丰田汽车的要求，而且大多数人也很可能这么做。然而如果情况特殊，让价20%是否仍值得考虑呢？假如光想着“这怎么可能？”的话，松下认为还是有欠思考。所以松下先抛开一般的这种想法而站在丰田的立场仔细来看这个问题。松下想，假如丰田换成松下电器的话，在面临贸易自由化的情况下说不定也一样会提出这种要求吧。

虽说松下电器听到了这样的要求不免大吃一惊，然而丰田本身必然也为如何才能降低成本以及谋求发展而大伤脑筋。因此，虽然就减价的幅度本身而言，的确是过分了一点，但松下电器也要审慎地考虑到如何才能降价去配合丰田的要求。

方法还是有的，但想法却必须要改变。照现在设计的产品要降低20%事实上是绝不可能的事情，因此非有新的想法不可，所以松下就指示大家说：“在性能不可以降低、对设计必须考虑对方需要的两个先决条件下，大家不妨设法全面更新设计。最好是不仅能够降低成本20%，而且还要有一点适当利润才可以。”

“在大家完成新设计之前，亏本也是无可奈何的事情，这不光只是为了降价给丰田，而且还关系到整个日本产业的维持及发展问题，无论如何是非做不可的，希望诸位能够努力完成任务。”

一年后，松下又问到有关这件事情进行的情况，结果松下电器不仅做到了如丰田所希望的价格，而且还能获得适当的利润。这可以说是因大幅度降价压力而激发出来的一次成功的产品革命。松下想，这才是一种正常经营事业的态度。

由此，松下总结道：“不管是经营事业也好，做其他事情也好，只要是抱着‘这根本不可能办到’的想法，我想任何事情永远都不会成功。反之，碰到事情总是‘应该可以办到，问题只是要如何去做而已’，这样想的话，很多困难的工作乍看似乎不大可能办到，结果却居然也做成功了。”

其实，很多看似“不可能”的事情，并不像你想象得那样复杂，困难只是被人为地夸大了。当你耐心分析、梳理，把它“普通化”后，你常常可以想出很有条理的解决方案。许多事情，正是由于你的不懈努力才获得了良好的成果，当你决定做一件事的时候，只有坚持没有“不可能”的事，所有的事情才会变得可能。

做任何事情，只要你想去做，而且是认真地做，想尽一切办法去做，坚持地去做，没有什么事情做不到。不大可能的事也许今天实现，根本不可能的事也许明天会实现。

第五章　与其用泪水悔恨昨天，不如用汗水拼搏今天

如果你知道自己去哪，世界都会为你让路

现实生活中，许多人之所以一事无成，最根本原因在于他们没有目标，不知道自己到底要做什么。没有目标的人，就像一个无头苍蝇，撞到哪就是哪，撞到岩石上就会头破血流，撞到枪眼上就是死路一条。他们默默地来世，又默默地死去，好不可悲！

没有目标，就不可能发生任何事情，也不可能采取具体步骤。如果一个人没有目标，就只能在人生的旅途上徘徊，永远到达不了任何地方。

目标是你前进的方向，目标是你不懈奋进的努力。如果没有空气，人就不能生存；如果没有目标，没有任何人能成功。

一句英国谚语说得好："对一艘盲目航行的船来说，任何方向都是逆风。"所以说，明确自己的目标和方向是非常必要的。目标是我们行动的依据。只有在知道你的目标是什么、你到底想做什么之后，你才能够达到自己的目的，你的梦想才会变成现实。

曾有一个青年人因为工作问题跑来找拿破仑·希尔，这个青年人眉清目秀、举止大方，聪明伶俐，大学毕业已经4年，尚未结婚。

他们先谈青年人目前的工作、受过的教育、背景和对工作的态度，接着拿破仑·希尔对青年人说："你找我帮你换工作，你喜欢哪一种工作呢？"

青年人说：“这正是我来找你的目的，也是我一直所苦恼的事情，我真的不知道自己想要干什么？”

拿破仑·希尔又问道：“让我们从这个角度看看你的计划，10年以后你希望怎样呢？”

青年人想了想：“我期待我的工作和别人一样，待遇优厚并且有能力买一栋房子和一辆汽车。当然，我还没有深入思考过这个问题呢。”

拿破仑·希尔继续解释道：“那是很自然的，你现在的情形就好比跑到火车站的售票处说‘给我一张火车票一样’。除非你说出你的目的地，否则售票员没办法卖给你车票。只有我知道你的目标，才能帮你找工作。换而言之，你自己确定了自己的目标了吗？”

青年人陷入了沉思之中。拿破仑·希尔也确信，青年人已经学到了人生最关键的一课，那就是：你出发之前，一定要有明确的目标。

可见，一个人如果没有明确的目标就没有做事的标准，也就失去了做事的动力。而如果有目标，就有奋斗的方向和为之奋斗的计划。

目标不仅是奋斗的方向，更是一种对自己的鞭策。有了目标，才会有热情、有积极性、有使命感和成就感，才能最大限度地发挥自己的优势，调动沉睡在心中的那些优异、独特的品质，造就自己璀璨的人生。

无论你做什么事，在你心中都要先有一个明确的目标。有了目标，有了指引前进方向的“指南针”，你的人生就会变得有目的，有追求，一切似乎清晰、明朗地摆在你的面前。什么是应该去做的，什么是不应该去做的，为什么而做，为谁而做，所有的问题都是你那么明显而清晰。

当你研究那些已获得成功的人物时，你会发现，他们每一个人都各有一套明确的目标，都已订出达到目标的计划，并且花费最大的心思和付出最大的努力来实现他们的目标。

爱因斯坦是20世纪世界公认的伟大的物理学家。他之所以能够取得如此令人瞩目的成绩，和他一生具有明确的奋斗目标是分不开的。

他出生在德国一个贫苦的犹太家庭，家庭经济条件不好，加上自己小学、中学的学习成绩平平，虽然有志于科学研究，但他有自知之明，知道必须量力而行。他进行自我分析：自己虽然总的成绩平平，但对物理和数学有兴趣，成绩较好。自己只有在物理和数学方面确立目标才能有出路，其他方面是不及别人的。因而他读大学时选读瑞士苏黎世联邦理工学院物理学专业。

由于奋斗目标选得准确，爱因斯坦的个人潜能就得以充分发挥，他在26岁时就发表了科研论文《分子尺度的新测定》，以后几年他又相继发表了四篇重要科学论文，发展了普朗克的量子概念，提出了光量子除了有波的性状外，还具有粒子的特性，圆满地解释了光电效应，宣告狭义相对论的建立和人类对宇宙认识的重大变革。取得了前人未有的显著成就。可见，爱因斯坦确立目标的重要性。假如他当年把自己的目标确立在文学上或音乐上（他曾是音乐爱好者），恐怕就难以取得像在物理学上那么辉煌的成就。

为了防止把时间浪费在一些无关紧要的事情上，爱因斯坦善于根据目标的需要进行学习，使有限的精力得到了充分的利用。他创造了高效率的定向选学法，即在学习中找出能把自己的知识引导到深处的东西，抛弃使自己头脑负担过重和会把自己诱离要点的一切东西，从而使他集中力量和智慧攻克选定的目标。他曾说过：“我看到数学分成许多专门领域，每个领域都能费去我们短暂的一生……诚然，物理学也分成了各个领域，其中每个领域都能吞噬一个人短暂的一生。在这个领域里，我不久学会了识别出那种能导致深化知识的东西，而把其他许多东西撇开不管，把许多充塞脑袋并使其偏离主要目标的东西撇开不管。”他就是这样指导自己的学习的。

为了阐明相对论，他专门选学了非欧几何知识，这样定向选学法，使他的立论工作得以顺利进行和正确完成。

如果他没有意向创立相对论，是不会在那个时间学习非欧几何的。如果那时候他无目的地涉猎各门数学知识，相对论也未必能这么快就产生。爱因斯坦正是在10多年时间内专心致志地攻读与自己的目标相关的书籍和研究相关的目标，终于在光电效应理论、布朗运动和狭义相对论三个不同领域取得了重大突破。

爱因斯坦不但有自知之明，而且对已确立的目标矢志不移。1952年以色列政府鉴于爱因斯坦科学成就卓越，声望颇高，加上他又是犹太人，当该国第一任总统魏兹曼逝世后，邀请他担任总统职务，他却婉言谢绝了，并坦然承认自己不适合担任这一职务。确实，爱因斯坦是一位伟大的科学家，这是他终生努力奋斗才实现这个目标的。如果他当上总统，那未必会有多大建树，因为他未显过这方面的才华，又未曾为此目标作过努力学习和奋斗。

对于每一个人来说，重要的是要有明确的目标，要对自己的人生有个恰如其分的设计。只有明确的行动目标才会有为之奋斗的不竭动力。目标就是希望，目标就是挖掘潜能的动力。

有了目标，你才能确定自己的出发点，你才能向预定的地点不断前进。目标是人生路上的指南针，使你不会迷失方向。设立了明确的目标，你就看到了成功的希望，成功就会一步步地向你招手。

哲学家爱默生曾说过：“当一个人知道他的目标去向，这个世界是会为他开路的。”的确，给自己一个梦想，一个目标，把它们深藏于心，每天不断地提醒自己目标一定会实现的，并且为了这个目标，制定一个详细而周全的计划，不时地检验计划的执行情况，你就一定能够如愿以偿。

所谓的“大人物”，都是“小人物”不断进取的结果

进取心是一个人成功最重要的原因之一。有人研究了美国最成功的500个人的生平，还结识了这些人当中的许多人。结果发现这些人的成功故事中都有一个不可缺少的元素，这就是强烈的进取心。这些人即使屡遭失败但仍旧十分努力。在他看来，积极进取的人会不断鞭策自己不断前进，来达到自己的人生目标。

进取的意义在超越——不是为了超越别人，而是为了超越自己，让将来的我好于现在。对于一个人的生命来说，没有什么比我们的进取心更重要的了。如果我们的态度是消极而狭隘的，那么，与这对应的就是平庸的人生。我们必须以高于普通人的眼光

来看待自己，否则，我们只是一个小人物。我们必须希望自己能拥有更高的职位，以督促自己努力得到它；否则，我们永远也得不到。不要怀疑自己有实现目标的能力，否则，就会削弱自己的决心。只要我们在憧憬着未来，我们其实就是在向着目标前进。

著名的财务软件公司——用友公司总裁王文京就是一个不满足现状，具有不断进取精神的人。他大学毕业后分配在国务院机关事务管理局工作，在单位他还是个工作骨干。他负责起草的中央国家机关行政会计制度一直沿用到1990年之后。在单位，王文京还曾负责实施了中央国家机关行政会计电算化工作。

王文京在单位可算是个“红人”，他曾被评为先进工作者，并曾在全局干部大会上作先进事迹报告，“如果在机关发展可能会很有前途”，但王文京并不满足于现状，他认为他还有很大的能量有待于开发。于是，在他24岁的时候，决定到实业界去发展，到经济生活的第一线去。王文京意识到办企业才是他个人的长远选择。他认为：“计划经济中机关是最好的单位，但市场经济中企业越来越重要。”

1988年下半年，王文京正式辞职下海。

辞了职的王文京，人事关系转在街道，他成了待业青年。所以，以最低的企业形式——个体工商户注册了“用友财务软件服务社。”

做企业也有做企业的难度，做企业也有做企业的苦衷，王文京认为最重要的是要调整心态：“做企业的人一睁开眼看到的就是问题、困难和压力，但如果你认为问题、困难和压力是一个企业领导人职业生涯中不可缺少的一部分，企业领导人的职责就是要处理问题，要解决困难，那么，你就不会感到辛苦了。”

1988年，王文京创办用友的时候，根本就没有想到软件会像汽车一样成为一个产业。“我只是感到软件在世界上很有前途，财务软件在中国会有发展的机会。”王文京对民族软件从来没有悲观过、失望过。“重要的不是现在的起点是高是低和现在的规模是大是小，重要的是要去做。绝对不要怕，哪个企业都是从小发展起来的，坚持下去，一定会有大发展。”

王文京凭他的进取心和智慧，在短短的几年之内，把用友公司做成了国内知名的民营企业，2000年11月份，他被福布斯杂志评为中国大陆50富豪之一。

进取心是一个人前进的动力。通往成功的路从来都不是平坦的，成功的大门也不是对任何人都开放的，只有拥有进取心的人才能一路披荆斩棘、过关斩将，才能信心满满地叩开成功的大门。

美国著名学者奥里森·马登所说：“进取心激发了人们抗争命运的力量，他来自天堂，是完成崇高使命和创造伟大成就的动力，激励着人们向自己的目标前进。这是宇宙力量在人身上的体现，并不是纯粹的人为力量就能创造这种动力。但是，我们每个人都会感到，这种激励的需要是我们人生的支柱啊，为了获得和满足这种需要，我们甚至愿意以放弃舒适和牺牲自我为代价。进取心最终会成为一种伟大的激励力量，会使我们的人生更加崇高。”

进取心是成功的起点，有了成功的起点，才有成功的人生。在我们的身上，存在一种神秘的力量，它就是进取心。

它不允许我们有丝毫懈怠，它让我们永不满足，每当我们达到一个高度，它就召唤我们向更高的境界努力。它是摆脱颓废的最佳手段，一个人一旦形成不断自我激励、始终向着更高境界前进的习惯，身上所有的不良品质和坏习惯都会逐渐消失。纵观古今中外的成功人士，他们身上大都有这种不断进取的个性与品质。

林肯是一个刚毕业的年轻人，如今就业环境不景气，他整天浑浑噩噩的。终于，他在超市大卖场找到一份收银员的工作。每天上班，他总是最后一个到岗，到岗后不仅不先整理柜台，反而先和旁边的同事聊起天来。

他觉得自己混到这样的地步真的是命运的捉弄。在午饭期间，林肯对旁边的一位老人诉苦："我真不知道自己应该干什么，觉得自己一生没有多大希望了。"

老人告诉林肯，自己年轻的时候也是个收银员。其实即使是做一个收银员也很有学问。每天接待多少顾客，顾客都买了些什么东西，顾客有什么样的消费习惯，收银时，怎样速度才是最快，等等。老人讲起业务来滔滔不绝，林肯听得眼睛都直了。

林肯疑惑地问老人，现在他是做什么工作的。老人笑而不答，只是在走的时候告诉林肯，其实一天的工作很快，只要你保持一颗积极进取的心，就一定会看到转机。

林肯听后改变了自己的工作态度，以后不仅每天第一个报到，而且总是为自己的收银格备好零钱，提前准备好塑料袋为顾客装商品。林肯的工作效率比其他同事遥遥领先，一年后，他接到了公司的领班任命；两年后，他成为公司最年轻的部门经理。在一次公司年会上，林肯遇到了曾经点拨过他的那位老人，这个老人，正是这家连锁超市的董事长。

“天行健，君子以自强不息。”进取心是一个人不断成长、不断取得新成绩的直接动力。没有进取心，就很难产生成功的动力，成功就少了支点。所以，只要我们有了进取心，才可以充分挖掘自己的潜能，实现人生的价值，充分享受人生的甘美。

总之，进取心是成功的关键因素。完成工作的使命和创造伟大成就的动力，就是来自于进取心，它激励着人们不断向自己新的奋斗目标前进。有了进取心，你才会奋发向上、百折不挠；有了进取心，你才会披荆斩棘；有了进取心，你才会求新求好。

一次只做一件事，一次做好一件事

有这样一个小故事：

有一位老师在讲台上谆谆勉励学生做事要专心，将来才会有成就。

为了具体说明专心的重要，老师叫一名学生上台，双手各持一支粉笔，命其在黑板上同时用右手画方，左手画圆，结果学生画得一团糟。

老师说：“这两种图形都画得不像，那是因为分心的缘故。追逐两只兔子，不如追逐一只兔子。一个人同时有两个目标的话，到头来一事无成。”

这个小故事告诉我们，一个人的精力毕竟是有限的，不能一心二用，即使天才也是一样。如果我们要想做好一件事情，就必须全身心的投入，决不能心猿意马。没有事情是简单的，任何一件事完成起来都要花费相当的精力，人心无法一分为二，只有专心是解决问题最好最快的途径。

著名的效率提升大师博恩·崔西有一个著名的论断："一次做好一件事的人比同时涉猎多个领域的人要好得多。"富兰克林将自己一生的成就归功于"在一定时期内不遗余力地做一件事"这一信条的实践。一次只做一件事，就是专心致志，全神贯注，不受任何内心欲望和外界诱惑的干扰，对既定的方向和目标不离不弃，执著如一、不懈的努力。

勒韦是一个非常专注于目标的人。他是美国的著名医师及药理学家，曾获得过1936年荣获诺贝尔生理学及医学奖。

1873年，勒韦出生于德国法兰克福的一个犹太人家庭。从小喜欢艺术，绘画和音乐都有一定的水平。但他的父母对犹太人深受各种歧视和迫害的情形心有余悸，不断敦促儿子不要学习和从事那些涉及意识形态的行业，要他专攻一门科学技术。

勒韦是一位勤奋志坚的学生，他不怕从头学起，相信专注一心必定会成功。他带着这一心态很快进入了角色，专心致志于医学课程的学习。心态是行动的推进器，他在斯特拉斯堡大学医学院攻读时，被导师的学识和专心钻研精神所吸引。这位导师是淄宁教授，著名的内科医生。勒韦在这位教授的指导下，学业进展很快，并深深体会到医学也大有施展才华的天地。

勒韦从医学院毕业后，他先后在欧洲及美国一些大学从事医学专业研究，在药理学方面取得很大进展。由于他在学术上的成就，奥地利的格拉茨大学于1921年聘请他为药理教授，专门从事教学和研究。在那里他开始了神经学的研究，通过青蛙迷走神经的试验，第一次证明了某些化学物质可将刺激从一个神经细胞传至另一个细胞，又可将刺激从神经元传到应答器官。他把这种化学物质称为乙醚胆碱。1929年，他又从动物组织中分离出该物质。勒韦对化学传递的研究成果是前所未有的突破，对药理及医学做出了重大贡献。因此，1936年他与合作者戴尔获得了诺贝尔生理学及医学奖。

哲学家亚当斯说过：“再大的学问，也不如聚精会神来得有用。”的确，当一个人专注某事的时候，他往往能够把自己的时间、精力和智慧凝聚到所要干的事情上，从而最大限度地发挥积极性、主动性和创造性，提高执行力，努力实现自己的目标。

人的精力是有限的，分散精力，东抓一把，西抓一把，效果不会太好，即使成功，也只是偶然。世界上看起来可做的事情很多，但真正能抓住的却很少。一生咬定一个目标不放松，一生只挖一口井，一生只做一件事，把一件事做透，才是成功人生的捷径，才有可能达到光辉的顶点。这是专注给我们的要求。

一天，奥地利作家斯蒂芬·茨威格去乡下探望好朋友、著名雕塑家奥古斯特·罗丹。在简朴的工作室里，罗丹兴高采烈地介绍自己的新作——一个女性半身像。他仔细地审视着这幅作品，对旁边的茨威格说：“只有那肩膀上的线条还显得有些僵硬。对不起……”

说着说着，罗丹顺手拿起一把小刀就开始摆弄起这座雕像，自顾自地干了一个多小时，把身边的茨威格忘得一干二净。除了理想中的雕像外，他脑子里再也装不下任何东西，工作就是他存在的唯一理由。终于，完美的雕像诞生了，大功告成！

然后，罗丹心满意足地朝门外走去，却突然发现了一直耐心等待的客人。他觉得非常过意不去，连忙向客人道歉：“对不起，先生，我简直把你忘记了。”

虽然被冷落了一个多小时，茨威格却感叹道：“我在这一天的收获，比在学校几年的收获还大。我从来没有见过一个人可以如此专注地工作，甚至忘了时间和整个世界，这太让我感动了。在这短短一个小时里，我懂得了成功的秘诀——专注。只要我们全神贯注地工作，无论大小，最终一定会成功。”

成功来自于专注。每次只做一件事情，需要凝聚心神、心无旁骛，这样一个人才可能最大限度地发挥潜能。而频繁地从一件事情转换到另一件事情则是浪费时间和精力的做法。基于这个道理，人们在做事中应该避免不必要的转换，要尽可能把一件事情做好、做透、做到位，然后再考虑下一件事。

一次只专心地做一件事，全身心地投入并积极地希望它成功，这样我们就不会感到精疲力竭。不要让我们的思维转到别的事情、别的需要或别的想法上去，专心于我们正在做着的事。如果你能向一个目标集中注意力，成功的机会将大大增加。

每天多做一点，你会离成功更近一点

著名投资专家约翰·坦普尔顿通过大量的调查研究，得出了一条很重要的定律——多一盎司定律。盎司是英美重量单位，一盎司相当于1／16磅，在这里以一盎司表示的是一点微不足道的重量。

所谓“多一盎司定律”，是指只要在工作中比正常多付出一丁点努力，往往就会获得超常的成果。坦普尔顿还指出：“那些取得中等成就的人与取得突出成就的人几乎做了同样多的工作，他们所做出的努力差别很小——只是‘多一盎司’。但其结果，所取得的成就及成就的实质内容方面，却经常有天壤之别。”

“多一盎司定律”可以运用到人类努力的每一个领域中。工作中，只要你每天多做一点，每一天都是一个阶梯，每天都有新的进步。每天多做一点点，日积月累，相信你终会达上成功的阶梯，摘取满意的成果。

著名职业经理人唐骏曾说过一句话：“比别人勤奋一点点，就能超前别人一大步。”的确，如果在自己的工作中再多做一点，你就可能比别人多取得一点成绩。主动在工作中多干一点的人，有助于最大程度地展现自己的工作态度，最高限度地发挥你的天赋，不断地提升自我。

周坤初中毕业后，由于家境贫穷，只能出来打工。初到深圳，一无文凭，二没关系，三缺手艺的他，无所凭借，于是只能栖居在沙头角的铁皮房中。经过认真反复的思考和了解，周坤决定去卖菜。

卖菜成本低，几百元就可以周转，只是每天都得起早摸黑，又脏又累。

卖菜的过程中，周坤一直留心观察身边的事情。他发现，做豆腐是门手艺，不像卖菜，谁都可以干。于是他马上向做豆腐的师傅学习，以更勤奋的工作获得对方信任，最后还和做豆腐的人合作，卖起了豆腐。

豆腐在菜场中零卖销量有限，周坤经过观察发现，豆腐卖给食堂这样的大客户更有利润。于是接下来他便开始给食堂送货。别人送豆腐送到货收了钱就走，周坤则不同，他每送一处，只要人家正在做饭，他一定把豆腐切好，下到锅里。就因为多做了这一点小事，周坤的人生出现了第一次转机。

有一天周坤为沙头角一个上千人的大公司食堂送豆腐，恰巧该公司的行政部经理正在食堂检查工作，看见周坤帮着切豆腐，询问怎么回事。员工说他每次都这样做。行政经理当即说，你也不用再卖豆腐了，到公司来上班，我们正缺一名保安。

这个岗位的职责也就是坐在公司门口，监督工人上下班打卡，保证公司财物安全。在这个岗位上，周坤又做了别的保安从未做过的事——将公司门口打扫得干干净净，连打卡机的卡架都擦得没有一丝灰尘，周坤一干就是一年多。一年之后，他的人生又出现了第二个转机。

这家公司进军商界，开设连锁超市，需抽调老员工去从事经营管理工作。周坤勤勉负责的工作态度和积极主动的工作作风，使老板不加考虑地就把他选上了，让他负责超市糖果蜜饯的财务管理。

周坤自从得到这份差事以后，非常珍惜它，他克服了自己文化水平低的困难，将业务账目梳理得井井有条，无论供货有多少品种，销退、结账、保质期，他都在账上反映得清清楚楚，使进出货办得极有效率。此外，他又比别的同事多做了一件事：每次货物进出，他必亲临现场查验，不只是等仓库报单据。而客户结算退货他也都一帮到底，装卸搬运、填单制据。

于是，顺理成章地周坤的第三次转机又出现了。周坤的细致严谨，被一位供货的台湾商人看在眼里，记在心上，这位老板决定聘请他专门打理其大陆批发业务，作为其在大陆业务的拓展负责人。

经历几番转机的直线上升之后，周坤已经今非昔比了，成为身价数百万，拥有数辆货柜车，每月批发几个集装箱进口蜜饯的独立批发商。不过，尽管已是老板，他仍旧坚持这个使他人生得到转变的原则——比别人多做一点，还是起早贪黑，比员工做得还多。

成功的人永远比别人做得多一点。如果不是你的工作，而你做了，这就是机会。每天多做一点点，并不会占用你多少时间，但是会让你离成功更近一步。

每天多做一点点，哪怕是1%，每天多一点努力，会最大限度地发挥出你的天赋。多一点努力，便多一些成功的机会。

每天比别人多做一点，可以产生一种意想不到的结果，可以让你时刻保持昂扬斗志，在工作中不断地激发自己、充实自己。多做一点，也许会占用你的时间，但是，你的工作会获得很大的不同，因为你会比别人积累更多的东西，如经验、技能、工作效率等等。同时，你的行为也会使你赢得别人的赏识。不要小瞧自己比别人多付出的那一点，它也许就会改变你的命运。

在工作中，有很多事情都需要我们多做一点点。大到对工作、公司的态度，小到你正在完成的工作，甚至是接听一个电话、整理一份报表，只要能多做一点点，把它们做得更完美，你将会得到数倍于一点点的回报。有时，在工作中我们不必比别人多做许多，只需要一点点就已足够，就会让旁人刮目相看。

玫琳凯·洛佩兹小姐最先为迈克先生工作时，职务很低，但现在却已经成为迈克先生的左膀右臂，担任其下属公司的总经理。玫琳凯·洛佩兹之所以能如此快速地升迁，秘密就在于“每天多做20%”。

“在为迈克现在工作之初，我就注意到，每天下班后，所有的人都回家了。迈克先生仍然会留在办公室里继续工作到很晚。因此，我决定下班后也留在办公室里。是的，的确没有人要求我终于做，但我认为自己应该留下来，在需要时为迈克先生提供一些帮助。

“像工作中找文件或打印材料等事情，起初都是迈克先生自己亲自做。但是到了后来，他发现下班后我也急需待在公司，准备随时听候他的吩咐，这样，就让我帮助他做些这样的日常性工作……”

迈克先生为什么会养成召唤玫琳凯·洛佩兹小姐的习惯呢？因为她自动留在办公室，使迈克先生随时可以看到他，并且诚心诚意为其服务。这样做获得了报酬吗？没有。但是她获得了更多的机会，使自己赢得老板的关注，最终获得了提升。所以说，“每天多做20%”的工作态度能使你的工作逐渐变得更加出色而从竞争中脱颖而出。

对于工作来说，仅仅一丝不苟、忠于职守是不够的，你还应该做到每天更努力一点，应该要求自己在做完本职工作后再多做一些事情，比别人期待的更多一点。这样就可以做得更好，给自我的提升创造更多的机会。如果你是一名业务员，那么从现在开始，试着将以前和客户通信的数量从每周100封增加到120封。如果你是政治家，就试着将握手的目标从1000个人再扩大20%，以1200人作为行动目标。当然，这里列举的数字只是一种假设，具体数目需要你在实际行动的过程中来决定。

其实，获得成功的秘密很简单，那就是每天多做一点。同是做一项工作，比别人稍微多用点心，多出点力，或者多费心搜集了一些历史数据，或者认真多思考一会儿得到一个新的创意，或者多加点班认真写出内容翔实的方案，既要学习专业知识，也要不断拓宽自己的知识面……这时候，你已经比别人多出了一个机会——踏实工作、认真做事的人往往能够从自己的工作中获得最大的益处和提升。

每天多做一点，可能会占用你一些时间，但是会让你离成功更近一步。很多人花费大量的时间和精力去寻找成功的捷径，却从来不肯多花费一点时间用在工作上。其实，不要小瞧自己比别人多付出的那一点，它也许就会改变你的一生，伟大的成就通常是一些平凡人们经过自己的不断努力而取得的。记住，每天多做一点会使你最大限度地展现自己的工作态度、最大限度地发挥你的天赋，从而使你的自身价值不断得以提升。

做任何事都成功的人，只因他们有无限的热情

英国著名前首相狄斯雷利认为："一个人想成为伟人，唯一的途径便是：做任何事都要怀着热情的心。"美国文学家R·W爱默生曾写道："不倾注热情，休想成就丰功伟绩。"一个人如果没有热情，不论他有什么能力，都很难发挥出来，也不可能会成功。成功是与热情紧紧联系在一起的，要想成功，就要让自己永远沐浴在热情的光影里。

热情是什么？热情就是一个人保持高度的自觉，就是把全身的每一个细胞都调动起来，完成自己内心渴望去完成的工作，做自己想做的事。只有用真正的热情、用有生命力的语言表达出来的思想，才可能点燃生命中潜藏的动力和激情。

王凡是一家公司的业务员，是一个能给人好感的忠厚之人，但她总给人一种寡味索然的感觉，同事们讽刺她是"地狱最下层的人"，这是指她是公司里业绩最少的业务员。公司虽然对王凡的人品没得说，但也只能考虑让她走人。

就在公司考虑要开除她时，王凡突然爆发了巨大的热情，开始积极地工作，营业额也逐渐上升，一年后成为了公司的王牌业务员，又过了一年，她竟然成为国内销售冠军。

在业务员的表彰大会上，王凡受到董事长的表扬。董事长给王凡授完奖以后，对王凡说："我从来没有这样高兴地

表扬过人。你是一个杰出的业务员。不过，你的营业额高速增长，这巨大的转变是怎么实现的呢？能不能让大家分享一下你的成功秘诀呢？”

王凡并不擅长言辞，即使现在已经是战果丰富，她还是有点害羞地说：“董事长先生及各位女士、先生们，过去我曾经因为自己是个失败者而垂头丧气，这一点我记得很清楚。有一天晚上，我看到一本书，上面写着‘因为热爱，才能做得更好’，我忽然好像领悟到了什么一样，我不能再这样下去了，我找到了以前失败的原因——因为我不热爱自己的工作，所以缺少对工作的热情，但是我相信，我会改变的。第二天一大早，我就上街从头到脚买了一套全新的衣服，包括套装、内衣、袜子、皮鞋等，我需要全面地改变自己。回家以后我又痛痛快快地洗了个澡，头发洗干净了，同时也把脑子里消极的东西全都洗掉了。然后我穿上刚买的新衣服，带着以前从未有过的热情开始出去推销了。然后，我的营业额开始上升，越来越顺利。这就是我转变的过程，非常简单。”

王凡的转变，是因为她转变心态，学会爱上自己的工作，然后唤起了对工作的热情，同时也造就了后来的成功。热爱才会有热情，热情可以把一个人变成完全不同的人，这是一个多么神奇的转变呀！

热情是一种洋溢的情绪，是一种积极向上的态度，更是一种高尚珍贵的精神。不论我们做什么事，如果没有倾注全部的热情，都很难将它做好，也很难在某一领域做出成就并展现自我的价值。

法兰克·派特是美国著名的人寿保险销售员。在加入保险行业之前，他曾是一个职业棒球运动员。当年，法兰克刚转入职业棒球界不久，就遭到有生以来最大的打击，他被开除了。他的动作无力，因此球队的经理有意要他走人。球队经理对他说："照镜子，好好看看你自己的样子。做什么事情都慢吞吞的，你哪像是在球场混了二十年的运动员？我告诉你，无论你到哪里做任何事，若不提起精神来，你将永远不会有出路。"

就这样，法兰克无奈地离开原来的球队。后来，有一位名叫丁尼·密亨的老队员把他介绍到新凡的一个职业棒球队去。在新凡的第一天，法兰克的一生有了一个重要的转变。因为在那个地方没有人知道他过去的情形，他就决心变成新凡最具热忱的球员。为了实现这点，当然必须采取行动才行。

在赛场上，法兰克就好像吃了兴奋剂一般。他强力地投出高速球，使接球的人双手都麻木了。记得有一次，法兰克以强烈的气势冲入三垒，那位三垒手吓呆了，球漏接，法兰克就盗垒成功了。当时气温高达摄氏39℃，法兰克在球场奔来跑去，极可能因中暑而倒下去，但在过人的热忱支持下，他挺住了。这种热忱所带来的结果，真令人吃惊。由于热忱的态度，法兰克的月薪增加到原来的七倍。在往后的两年里，法兰克一直担任三垒手，薪水加到三十倍之多。为什么呢？法兰克自己说："就是因为一股热忱，没有别的原因。"

不幸的是，在一次比赛中，法兰克的手臂受了伤，不得不放弃了职业棒球生涯。失业后，他决定投入保险界，于是他到菲特列人寿保险公司当了一名保险业务员。但很遗憾，他整整一年多都没有什么成绩，因此很苦闷。但后来，他想起当年打棒球时热忱的态度，他又变得热忱起来。经过不断地努力，最终他成为了人寿保险界的大红人。不但有人请他撰稿，还有人请他演讲自己的经验。他说："我从事推销已经15年了。我见到许多人，由于对工作抱着热忱的态度，使他们的收入成倍地增加起来。我也见到另一些人，由于缺乏热忱而走投无路。我深信唯有热忱的态度，才是成功推销的最重要因素。"

热情是发自内心的激情，是一种意识状态，是一种重要的力量，它具有巨大的威力。一个人如果激情洋溢，热情地面对人生，乐观地接受挑战，那么他就成功了一半。

有一次，美国中央铁路公司总裁佛里德利·威尔森被记者问到如何才能使事业成功时，他是这样回答的："一路走来，我经过了许多风雨，个人的成功与失败，知识、经验方面的差异并不大。我认为，一个人的经验愈多，对事业就愈认真，这是一般人容易忽略的成功秘诀。成功者和失败者的聪明才智相差都不大。在这种情况下，只有对工作富有激情的人，才比较容易成功。一个不具备实力而富有热情的人，与一个虽然具有实力但不具有热情的人相比，前者的成功机会多于后者。"

事实上，每一个人的身上都具有成就大事的潜质，不仅反应敏捷、聪明伶俐的人是这样，那些相对木讷、甚至看起来有些愚蠢的人，也有这样的潜质。只要充分发挥自己的热情，凭借着这种热情的力量，任何一个人都可以出色地完成自己的工作，最终实现自己人生的价值。

热情代表着一种积极的精神力量，它是人人都具有的，只要善加利用，就可以在生活和工作中使之转化为巨大的能量。如果要想取得成功，你就要时刻充满热情，坚信你从事的事业，发掘那些积极的方面，从而促使自己行动起来。这有助于点燃你内心的热情之火，热情的火焰一旦点燃，你下一步该做的就是不断加柴，保持火苗越来越旺。如果一时没有焕发出热情，那么就强迫自己热情地投入，久而久之，你就会逐渐变得富有热情。如果你想更热情些，就与其他有热情的人呆在一起。在成功心理学方面著书立说的专家邓尼斯·韦特利说："热情有感染力。当一个热情的人出现时，其他人就很难再无动于衷保持冷漠。"那么，现在就开始发掘你的热情吧！其实这是一件很简单的事情，关键就看你如何行动啦！

热情是经久不衰地推动你面向目标勇往直前、直至你成为生活主宰的原动力。因此，我们对待生活，要时时刻刻充满热情，这样生活才会少几分无奈，多几分精彩。

眼泪不是答案，拼搏才是选择

拼搏是强者的凯歌，是成功的阶梯。面对坎坷的人生，只有不断拼搏，你才会成长为一个真正的强者。

一个人自出生那一刻起，就注定了要在漫长的人生路上艰难跋涉，注定不会永远一帆风顺。面对迎面而来的每一个困难，我们要抛开恐惧，永不退缩，拿出一种勇于拼搏的精神去面对。所谓拼搏，就是在逆境之中不逃脱，在困难面前不低头，在坎坷路上勇往直前。拼搏不是一时心血来潮，不是空喊口号，拼搏是长期的，需要用坚忍的毅力来维持，需要让坚定的信心来导航。

正如流行歌曲所唱的：“三分天注定，七分靠打拼，爱拼才会赢。”古今中外，许多有所成就的成功者都是经过拼搏而成就其伟业的，从他们的背后，我们看到的是汗水，是奋斗，是拼搏。

约翰·库缇斯出生在澳大利亚一个平民家庭。他出生时只有矿泉水瓶那么大，脊椎以下没有发育，双腿像青蛙那样细小，而且没有肛门。经过手术，他也只能痛苦的排便，医生断言他活不过当天。但是，他挣扎着活了下来。医生再次断言他活不过一个星期，可是一个星期后他仍然活着。一个月后，一年后，他依然活着，一次又一次地打破了医生的预言。如今，尽管孱弱无比，时刻面临死亡，但他已经成为世界上最著名的励志大师之一。

面对残酷的人生，面对真实的生活，他从很小的时候起，就开始承受常人难以理解的磨难。

在18岁时，他决定将自己不能发挥作用的双腿截掉，这样他就成为了真正的半个人。后来，他学会了用双手走路。他笑着说，自己看得最多的风景就是各种各样的腿、鞋子和女孩的裙子。

尽管有人对他说，没有人会责怪他什么也不做，但是，他下决心成为一个自食其力的人。他认为懒惰并不是他的强项，他要发挥自己的优势生存。他几乎趴在滑板上开始找工作。他大概敲开了数千家店门，尽管有的人打开门以后都没有发现趴在滑板上的他，但他最终还是找到了工作。他终于能够自食其力。

尽管失去了双腿，他仍然决心成为一个运动健将。他开始出现在室内板球俱乐部里，并成为举重场上的运动员。他的命运开始转变。1994年，他成为澳大利亚残疾人网球赛的冠军，对于所有的嘲笑和侮辱，约翰·库缇斯用骄人成绩作了回击。

一次偶然的机会，一场公众演讲彻底改变了他的人生。他开始到讲台上去讲述自己的人生经验，讲述自己的拼搏和挣扎，给他人以启迪。一次，他问自己的听众，“有多少人不喜欢自己的鞋子？”听众中举起了一堆手臂。他的眼神变得锐利，语气变得严肃，他举起自己的红色橡胶手套，说：“这就是我的鞋子，有谁愿意和我换？就算我拥有全世界的财富，我也舍得和你换。现在，你们谁还抱怨自己的鞋子呢？”

30岁时，约翰·库缇斯再度遭受了残酷的打击。他罹患癌症，又一次面临死亡的考验。但是，他从未对生活失去信心，坚持和病魔进行顽强的抗争。2000年，他再一次战胜了死神，进入癌症痊愈者的行列。如今，他已经拥有了一个美满的家庭，拥有了太太和儿子。

人生能有几回搏？只有拼搏，人生才能放出异彩；只有拼搏，才能挖掘出智慧的潜力；只有拼搏，才能实现远大的理想。

在这个世界上，没有人可以随随便便成功。对每个人来说，生命是有限的，只有拼搏的人生才是真正的人生。只有靠拼搏成功的，你才能在自己的人生道路活的多姿多彩。

拼搏是人自我表现的一种特质，也是自我价值实现的过程。高尔基曾说过：“敢于拼搏的人才是命运真正的主人。”一个人如果不敢向命运挑战，不敢在生活中做出开创之举，命运给予他的不过是一个狭窄的牢笼，而他举目所见的也将只是蛛网和尘埃。因此，只有敢于挑战、敢于拼搏的人才会充实地走完人生之路，实现自己的人生价值。

威廉·怀拉是美国前职业棒球明星，40岁时因体力不济而告别体坛另找出路。他琢磨着，凭自己的知名度去保险公司应聘推销员不会有什么问题。可结果却出乎意料之外，人事部经理拒绝道："吃保险这碗饭必须笑容可掬，但您做不到，无法录用。"

面对冷遇，怀拉没有打退堂鼓，而是决心像当年初涉棒球领域那样从头开始。首先是学会"笑"。由于天天要在客厅里放开声音笑上几百次，邻居产生误解：失业对他刺激太大，他神经出了问题。为了不干扰邻居，他只好把自己关进厕所里练习。

过了一个月，怀拉跑去见经理，当场展开笑脸。然而得到的却是冷冰冰的回答："不行！笑得不够。"

怀拉生来就有一种犟脾气，他回到家里继续苦练起来。一次，他在路上遇见一个熟人，非常自然地笑着打招呼。对方惊叹道："怀拉先生，一段时日不见，您的变化真大，和以前判若两人了！"

听完熟人的评论，怀拉充满信心地再次去拜见经理，笑得很开心。

"您的笑有点意思了。"经理指出，"然而还不是真正发自内心的那一种。"

怀拉不气馁，再接再厉，最后终于如愿以偿，被保险公司录用。这位昔日棒球明星严肃冷漠的脸庞上，绽放出发自内心的婴儿般的笑容。那笑容是那样天真无邪，那样讨人喜欢，令顾客无法抗拒。就是靠这张并非天生而是苦练出来的笑脸，怀拉成了全美推销保险的高手，年收入突破百万美元。

如果你想追求自己的人生梦想，只有坚持不懈的奋斗进取，努力拼搏。从古至今，一切闪光的人生，有价值的人生，都是在拼搏中获得的。

在人生的道路上，没有拼搏进取的精神，就难以克服遇到的重重困难；没有拼搏进取的精神，就不能取得任何成功；没有拼搏进取的精神，就不能实现我们的梦想……所以，一个人唯有在人生的道路上拼搏进取，才会实现自己的人生价值。

第六章　生活中的煎熬，都是为了磨炼我们成为更优秀的人

人生路上每一次艰难，都是对未来的铺垫

人生不如意是常事，曲折、磨难、逆境总会不请自到。逆境会击垮我们，但也可能锻炼我们。只要我们不被逆境击败，我们就可以愈发坚强。

有人对在商业、体育、教育、娱乐、科学、医学、政治等各领域独领风骚的成功者进行调查，发现他们都有个共同点：在人生某个时期里，都曾迷失过方向；也就是说，他们没有一个人是一帆风顺到达顶峰的。他们全都碰到过困境、挑战、挫折、冲突、压力、排斥、失望，他们和我们一样都曾跌倒过。他们之所以能脱颖而出，全在于当事情不顺利时能够有所作为，不轻言逃避。

每一位成功人士都曾面临困境、阻挠与失败，他们也必定曾与深层的恐惧及缺乏自信奋战过。然而，每一位成功人士也都因此而学会了如何将恐惧及失败融入远景里，试图由困境中获得力量及知识。丘吉尔一生际遇坎坷，求学时成绩不好，在骑兵队里也一直升不了官，荣膺财政大臣时，又碰上世界货币危机；爱因斯坦在上学时，代数相当差；罗斯福曾被当时的新闻媒体批评为二流人物，连他的母亲也到处宣扬他的缺点；梵高生前只卖掉一幅画作；邀请莫扎特为其作曲的皇帝，也曾批评莫扎特的歌剧用的音符太多。但是，这些伟人并没有被这些逆境击垮，反而更加努力，更加勤奋，所以我们今天的世界才会如此多彩多姿。

塞万提斯被誉为是西班牙文学世界里最伟大的作家。1547年，他出生于一个贫困之家，父亲是一个跑江湖的外科医生。因为生活艰难，塞万提斯跟随父亲到处东奔西跑，直到1566年才定居马德里。颠沛流离的童年生活，使他仅受过中学教育。他22岁参加西班牙军队。结果在一次与西班牙的海战中，他不幸身受重伤，左手致残。1575年离开军队，回家途中却不幸遇到摩尔人海盗，他被抢到阿尔及尔作为奴隶出卖，有过一言难尽的痛苦和艰辛。一直到1580年，他才被父母赎身获得自由。为了生计，塞万提斯在海军中充任军需职务，后来却因涉嫌挪用公款案，蒙冤入狱。三个月后，无罪释放，但是却一直找不到好工作，丢掉了几份好差事，一家的生活没有着落，重又徘徊在饥寒困顿中。当时一家七口人挤在一所下等公寓的小房子里，楼上是妓院，楼下是小酒楼，白天晚上都十分的嘈杂和简陋。但正是在如此嘈杂和恶劣的条件下，他在狭窄的过道上放一张极为简单的书桌，从事《唐·吉诃德》的创作，并一举成名。

实现梦想并发挥潜能和生活在怯懦及妥协之中，其实只有一线之隔而已，因为那全都是在你一念之间。成功人士将过错、失望、障碍及失败当做成功的基石，以此摆脱困境，再振雄风。对他们来说，每一次的失败都是一次宝贵的教训，而每一次的教训都是让他们再试一次的本钱。可以说，他们相当善于运用自己的失败。说得更精确一点，他们之所以不平凡，正是因为他们勇于面对错误及逆境，从中总结经验，吸取教训。他们知道，只有不断征服困境才能成功。

一位智者曾经说过：“你不可能遇到一个从来没有遭受到失败或打击的人，你也同样会发现人们成就的大小，和他们遭遇逆境、克服失败和打击的程度成正比。”

据说，每年的8月30日，“英皇集团”老板杨受成都要回到自己家中，谢绝一切应酬，闭门反省整整一日。对于他来说，8月30日是一个非常重大的纪念日。二十年前的这天，他什么都失去了，只剩下一只手表。

事隔十年，已经拥有了10亿港元身价的杨受成在讲起这段惨痛经历时，心情很平静：“我一生中最失败的日子就是1983年8月30日，比任何一日都痛苦。这天是星期六，早上8点，汇丰（银行）打电话给我，叫我立即去当时的汇丰总行。我到了那里，他们给了我一封信，说开会决定立即接收我的全部财产，包括所有公司、店铺、汽车、游艇、房屋等等，总之，除了我手上带着的手表之外，什么都接收掉，连钱包里的信用卡都要立即拿出来。”

这个消息犹如晴空霹雳！当天下午，他们全家十人抱头痛哭，凄凄切切地筹划着将来生活的路子，有兄弟说要去开“的士”，几个妹妹说想进工厂打工……

由巨富到赤贫，发生在一夜之间，速度之快，让人无法承受。在这之前，年仅40岁的杨受成，已掌管了一家上市公司——好世界投资有限公司。他那风流倜傥、乐观豪爽的性格使他活跃于多个上流社会的社交圈子，他身任港九钟表商会理事长、南九龙狮子会会长、仁济医院主席，以及富豪无不引以为身份象征的香港马会会员。从钟表界、珠宝界、地产界及至股票市场，杨受成无不得意，出尽了风头，金钱、名誉、地位对他似乎特别青睐。

然而天有不测风云。1982年初，香港地产业出现危机，在地产上押下了巨额赌注的“好世界投资有限公司”陷入了财务困境。汇丰银行除了接管他公司名下的物业、珠宝及钟表资产外，连杨受成名下的私人财产也接管过去。这些财产包括两艘游艇、两辆“劳斯莱斯”的小汽车以及多辆其他牌子的汽车。

令杨受成铭记于心的是，当汇丰银行将他的财产拍卖后，又给他来了一封信，要求接管杨受成一直用以代步的一辆八成新的轿车。来信态度强硬：“轿车是成功人士的身份象征，而你不是成功人士，因此要拍卖你的‘奔驰’。”

杨受成后来回忆说：“破产之后的巨大反差的确使人痛苦失落，倘若我的性格不够坚强，我早已看不开了，但我从无放弃的念头，我确信可以有翻身的一天。我想，如果有重新出头的机会，我就一定要做好，起码要证明一些东西给人看，我杨受成不是一跌倒就爬不起来的人。我整天对人说，我是一个打不死的老兵。我很努力，比以前更勤奋，要夺回失去的一切东西。”

不久，他果然有了翻身的机会。由于拍卖完“好世界”所有的财产后，仍不能抵偿债务。为此，雅特杨会计师向汇丰银行提出一项建议，让汇丰银行与杨受成订立一项为期八年的还债计划。根据这项计划，汇丰银行给杨受成月薪２万港元，订立八年聘请合同，同时将杨受成抵押的珠宝存货的一部分，约值3000万港元交与他经营，并另借予１０００万港元做流动资金。就这样，“宝石城珠宝有限公司”开业了，杨受成重操旧业，最后东山再起。

每一次的逆境、失败或挫折，都隐藏着再次成功的契机，当我们处在失败的恐惧中时，是看不见这种机会的。所以一定不要恐慌，保持信心，努力追求，必将获得更大的成功。

追求成功如逆水行舟，不进则退。我们如果只能在诸事顺遂的情形下赢得胜利，不但体现不出大将的风范，而且胜利也只是暂时的，不稳固的。逆水行舟才能看出船老大的本领；逆境奋起，以勇气和坚忍不拔赢得成功，才是难能可贵的。成大事犹如寻道登山，勇敢的人才能攀上绝顶。狭路相逢勇者胜。气贯长虹，料敌如神，才能战胜对手。在追求成功的过程中，你若失去了财产，你只失去了一点儿；你若失掉了勇气，你就把一切都失掉了。

学会适应环境，成就最好的自己

英国生物学家达尔文在艰辛付出后，创立了“物竞天择，适者生存”的进化论原理。它给我们的重要启示是：要想生存发展，首先要适应环境。在生物进化过程中，只有那些最适合于周围环境的生物才能生存下来，其他的都被淘汰了。这条理论不仅适用于动物界，同样适用于人类社会，它也能够用来解释各种社会现象。

有一则小故事：

一位社会学教授带着学生来到一块草坪上，指着一棵老槐树说：“这里有一窝蚂蚁，与我相伴多年。”

学生们凑上前观看：树缝儿里有小洞，小蚂蚁们东奔西跑，进进出出，很热闹。

教授说：“近些日子，我常常想办法堵截它们，但未能取胜。”

学生们发现，树周围的缝隙、小洞大多被泥巴、木楔给封住了。

“可它们总是能从别处找到出路。”教授说，“我甚至动用樟脑丸、胶水，但是，它们都成功地躲过了劫难。有一段时间，我发现它们唯一的进出口在树顶，这是很不方便；而一周后，我发现它们重新在树腰的空虚处开辟了一个新洞口。”

学生们表示钦佩。

教授说：“蚂蚁们的生存环境不比你们广阔，它们的奋斗舞台实在很狭窄，更重要的是，它们深深理解自己的力量，因此，当它们知道自己无法改变洞口被堵死这一事实时，它们就很快地适应了。而自然界中，那些善于拼搏、厮杀的猛兽们，如狮子、老虎、熊，目前的生存境况大多岌岌可危，因为它们似乎不懂得奋斗的另一层力量——适应。”

学生们所有顿悟。

这个故事告诉我们，外部的生存环境是残酷的，适应环境本身就是奋斗的组成部分，我们只有认清环境，改变自己，才能获得更好的发展。

科学技术的飞速发展，让现代社会的竞争变的日益激烈，如果我们想在竞争中生存下来，就要学会适应周围的环境，养成良好的适应性，找到适合自己的生存法门。只有这样，才能更好地在这个社会生存。

一个黑人小孩在他父亲的葡萄酒厂看守橡木桶。每天早上，他用抹布将一个个木桶擦拭干净，然后一排排整齐地摆放好。令他生气的是：往往一夜之间，风就把他排列整齐的木桶吹得东倒西歪。

小男孩很委屈地哭了。父亲摸着男孩的头说：“孩子，别伤心，我们可以想办法去征服风。”

于是小男孩擦干了眼泪坐在木桶边想啊想啊，想了半天，他终于想出了一个办法，他去井上挑来一桶一桶的清水，然后把它们倒进那些空空的橡木桶里，然后他就忐忑不安地回家睡觉了。

第二天天刚蒙蒙亮，小男孩就匆匆爬了起来，他跑到放桶的地方一看，那些橡木桶一个个排列得整整齐齐，没有一个被风吹倒的，也没有一个被风吹歪的。小男孩高兴地笑了，他对父亲说：“木桶要想不被风吹倒，就要加重木桶自己的重量。”男孩的父亲赞许地微笑了。

达尔文曾经说过：“不要期待环境为你而变，而要争取尽快地改变自己来适应环境。”是的，我们可能改变不了风，改变不了这个世界和社会上的许多东西，但是我们可以改变自己，改变我们自身的重量和我们自己心灵的重量，这样我们就可以稳稳地站在这个世界上生活了，不被风或其他东西吹倒和打翻。

所以，与其试图让改变环境适应自己，不如让自己去适应环境。在任何年代，适者都是一个在生存选择、计划、行动时，不因循守旧，而善于随机应变的英雄。只要我们还活着，必然面对生存；只要我们想更好地生存，必须成为适者。

周启明大学毕业时，被分配到了一个偏远的小山区当教师，不仅条件差，工资更是少得可怜。其实，周启明在校成绩不错，擅长写作，还曾担任过学校文学社的社长。现在被分到这样一个破地方，他整天愤愤不平，对工作没有热情，连一向爱好的写作也没了兴趣。整天琢磨着“跳槽”，幻想能有机会调一个好的工作环境，拿到一份优厚的报酬。两年过去了，他的工作没有任何起色，写作也荒废了，他也变得更加郁郁寡欢。

这天，学校开运动会，连附近的村民都来观看，小小的操场被围得水泄不通。他来晚了，站在后面，踮起脚也看不到里面热闹的情景。这时，身旁一个很矮的小男孩儿吸引了他的视线，只见他一趟趟地从远处搬来砖头，在那厚厚的人墙后面，耐心地垒着一个台子，一层又一层，足足垒了半米多高，他才登上台子，还冲周启明粲然一笑，掩饰不住的是成功的喜悦和自豪。

刹那间，周启明的心被震了一下，操场上的环境已经不能改变了，自己只是站在外面唉声叹气，抱怨自己来晚了。而小男孩儿，却懂得垒一个台子，改变自己的高度，去欣赏比赛。自己一直在抱怨被分的地方是多么差劲，但是不曾想到改变自己，他为自己以前的做法感到惭愧。

从此以后，周启明满怀激情地投入到工作中去，踏踏实实，一步一个脚印。很快，他便成了远近闻名的教学能手，编辑的各类教材接连出版，各种令人羡慕的荣誉纷纷而至。两年后，周启明被调至自己颇喜欢的一所中专任职。

一个人要想营造成功幸福的人生，就一定要有适应环境变化以及新环境的能力。生活中，我们每个人都会遭遇恶劣的环境，既然我们没有办法改变，何不试着去适应呢？这是一个适者生存的时代，只有学会适应社会环境，个人才能生存和发展。要知道，一个人不可能总是生活在同一个环境中，即使是生活在同一个环境中，环境也会时常发生变化，如果不会适应环境的变化或者适应不了新环境，则只能被淘汰或归于失败。

任何人都不可能离开环境而生存，在无法改变环境时，只有改变自己，努力去适应环境。人不可能一直生活在自己意愿的环境中，当生存的环境变得越来越艰难时，我们要懂得改变自己去适应它。如果环境不利于我们，我们还要强行让外界适应我们的话，就可能会花费巨大的代价。所以说，与其试图让改变环境适应自己，不如改变自己去适应环境。当你从这样的认识出发，面对现实，千方百计改变自己，你就会发现，在改变自己适应环境的同时，环境也会逐渐随了人愿。

生活从来不会亏待熬得住的人

英国诗人波普曾说过：“并非每一个灾难都是祸，早临的逆境常是幸福。经过克服的困难，不仅给了我们教训，并且对我们历次的奋斗有所激励。”在人生的道路上，难免会遇到这样或那样的困难与失败、挫折与痛苦，我们要培养承受挫折的健康心理和坚强的意志，掌握有效的战胜困难与失败、挫折与痛苦的方法，迎难而上，开拓进取。

杜鹃的父母早亡，家里又没有太亲近的人，从小就在村里流浪，靠村民的施舍度日，当然，上学对她来说更是奢望。

在她10岁那年，她离开了生她养她的村子，到大城市里以捡破烂为生，并且与一位同样艰难度日的老婆婆相依为命。但杜鹃是个坚强而好学的姑娘，她用捡破烂的钱买来纸笔学写字，趴在教室外听课……

后来，她在一家公司找了一份保洁的工作，用微薄的工资生活，还经常买书学习。23岁那年。杜鹃参加了成人高考。

正当生活有了转机的时候。她得了肝病，工作没有了，学习也被迫中断。无力支付药费的杜鹃也曾想过就此了却一生，但她永远忘不了充满苦难的童年，舍不得曾收留她的老婆婆……杜鹃回到家乡。在乡亲们的帮助和自己的努力下，看好了病。她想接着参加高考，不料遇到大雨，坍塌的泥墙砸断了她的一条腿，落下了终身残疾……乐观的杜鹃没有因此而退却，她决心凭自己的努力闯出一条路来。

她拄着拐杖，跑遍了各地，寻找致富门路，最后结合家乡地广人稀的特点。发展了药材种植业。

创业的艰辛对于一个残疾姑娘来说，那种难度很难想象。但杜鹃却凭一股韧劲儿，硬是挺了过来。

现在，她已是一家药材公司的总经理，并且又在开发养殖业，从来没有人想过，在她成功的笑容背后有多少血与泪。

在残酷的命运挑战面前，杜鹃没有沮丧和沉沦，她凭借着自己坚强的性格知难而进、越挫越勇。正是因为她这样刚强的性格和顽强的意志力，才让她有了今天的成就。

哲学家罗素说过：“遇到不幸的威胁时，认真而仔细地考虑一下，最糟糕的情况可能是什么？正视这种不幸，找到充分的理由使自己相信，这毕竟不是那么可怕的灾难。这种理由总是存在的。因为在最坏的情况下，在个人身上发生的一切决不会重要到影响世界的程度。”困难对有些人来说是一个万丈深渊，对有些人来说是一笔财富，对有些人来说则是一块垫脚石。选择逃避的人只能承受失败的痛苦而黯然失色；而勇敢应对的人则会充满追求成功的无限动力，并释放潜在的能力和天才，也就会享受到奋斗和胜利的欢乐，从而神采飞扬，魅力四射。

她从小就“与众不同”，因为小儿麻痹症，随着年龄的增长，她的忧郁和自卑感越来越重，甚至，她拒绝着所有人的靠近。但也有个例外，邻居家那个只有一只胳膊的老人却成为她的好伙伴。老人是在一场战争中失去一只胳膊的，老人非常乐观，她非常喜欢听老人讲的故事。

这天，她被老人用轮椅推着去附近的一所幼儿园，操场上孩子们动听的歌声吸引了他们。当一首歌唱完，老人说着：“我们为他们鼓掌吧！”她吃惊地看着老人，问道：“我的胳膊动不了，你只有一只胳膊，怎么鼓掌啊！”老人对她笑了笑，解开衬衣扣子，露出胸膛，用手掌拍起了胸膛……那是一个初春，风中还有着几分寒意，但她却突然感觉自己的身体里涌动起一股暖流。老人对她笑了笑，说着：“只要努力，一只巴掌一样可以拍响。你一样能站起来的！”

那天晚上，她让父亲写了一个纸条，贴到了墙上，上面是这样的一行字：一只巴掌也能拍响。那之后，她开始配合医生做运动。甚至在父母不在时，她自己扔开支架。试着走路。蜕变的痛苦是牵扯到筋骨的。她怀有无限的希望，她坚持着，因为她相信自己能够像其他孩子一样行走，奔跑……

11岁时，她终于扔掉支架。她又向另一个更高的目标努力着，她开始锻炼打篮球和田径运动。1960年罗马奥运会女子100米跑决赛，当她以11秒18第一个撞线后，掌声雷动，人们都站起来为她喝彩，齐声欢呼着这个美国黑人的名字：威尔玛·鲁道夫。那一届奥运会上，威尔玛·鲁道夫成为当时世界上跑得最快的女人，她共摘取了3枚金牌，也是第一个黑人奥运女子百米冠军。

漫漫人生路，免不了有几块绊脚的石头。当你被拌倒时，你该如何选择？是从此倒下再也不爬起来，还是勇敢地爬起来拍拍身上的土，微笑着继续前进？无疑，生活的强者必定会选择后者！困难对于生活的弱者只是害怕继续前进的借口，生活的强者却会把它看作是瞬间而过的流星，相信它定会过去，而且我们的生命会因此而更加灿烂！所以，让我们坚强起来，用微笑去面对人生中的失败与困难，做一个生活的强者！

斩断自己的退路，才能更好地赢得出路

生活中，很多人都习惯做事时给自己留一条或几条后路。退一步海阔天空，有退路固然是好的，但如果一味地后退，事事留有退路，那就意味着这个人在事情还未开始的时候，就已经准备要承受失败了，那么他成功的概率肯定小，因为，留有退路的时候，就潜藏着懈怠、自我安慰。发展到最后，可能导致自我麻痹、自我毁灭。到了这一步，“留有退路”的利处，却成了导致失败的“坏处”。所以有些时候，我们要断绝自己的退路，负重

前进，给自己加压，挤掉“懈怠”“自我毁灭”等不利因素，做事尽量求得事事成功。

传说从前有位将军，以寡敌众，为求必胜，他把士兵用船载往敌岸，卸下装备以后，就下令烧船。拂晓攻击以前，他严肃地对士兵们说到：“你们都看见了，我们所有的船只都被烧毁了。现今我们没有什么退路了，这一仗我们是非胜不可，要不我们没有一个人能够活着离开这里。我们现今只有两条路——不是胜利，只有死亡，再没有其他的选择。”

战斗打响之后，士兵们表现出前所未有的英勇。经过一天一夜的浴血奋战，最终他们以少胜多，取得了胜利。

一个目的只要确立，不在奋斗里死亡，就在奋斗里成功。人在绝境或是没有退路时，才能产生爆发力，展示出非凡的潜力。美国杰出的心理学家詹姆斯的研究显示：一个没有受逼迫与激励的人只能发挥出潜能的20%～30%，可当他受到逼迫与激励的时候，其能力能够发挥80%～90%，相当于前者的3～4倍。很多有识之士不仅在逆境中敢于背水一战，即便在一帆风顺时，也用切断后路的强烈刺激，让自己在通向成功的路上立起胜利的路标。巴金的一生是靠稿酬生活的，他该拿的职务工资为何不去拿？居里夫人为何只要实验室，而不要颁发的勋章？爱因斯坦为何要拒绝当总统，而献身科学？他们这么做，都是不给自己留任何退路逼迫自己去跨越生命中的“高墙”。而跨越“高墙”，就是堵死自己的退路，强迫自己向前，勇敢直上。

常言道：有压力才有动力。若要让自己的人生有所突破，有所成功，就必须给自己更大的压力，逼自己尽最大的努力。这时，选择自断退路确实是一个绝好的方式。斩断退路，就斩断了自己的惰性；斩断退路，就斩断了为自己回旋的余地，这样才能义无反顾地迈向成功的终点。相反，若心存侥幸，则会因留有后路而一败涂地。

将自己置身于悬崖上的破釜沉舟的精神，从某种意义上说，是给了自己一个向生命成功的高地冲锋的机会。

这是一个发生在NBA中的真实故事：有一支球队已到了绝境：再输一场比赛，球队将从NBA里除名——他们输不起。这种绝望的情绪蔓延到每个球员心里，所以来到主队的城市以后，大家都闷闷不乐。这时，球队的经理默默来到更衣室，他给在场的每位球员都发了一张返乡的机票。

“我很抱歉，大家也知道我们的处境，我们几乎没机会了，一旦输了比赛，俱乐部就要解散。所以我给你们每个人回家的机票，打完这场比赛你们就可以回去了。”听完这话，所有队员的心都揪紧了，他们清楚自己将面对一个极其强大的对手，以至于连球队老板都失去了信心，看样子现在球队只有一条路了，那就是解散。

忽然，一个年轻的球员站起来，分开众人走到经理面前，脸涨得通红，无比坚决地，一字一顿地对经理说：“我没有准备失败的机票，我来这里只有一个目的——赢得比赛！”说完，他把手中的机票撕得粉碎。他的队友们也纷纷站了起来，撕碎了手中的机票。

那一场球打得异常激烈，带头撕碎机票的年轻球员带伤打满全场。在他的带领下，球队展开了绝地反击，结果出乎所有人的意料——他们击败了强大的对手，球队因此奇迹般地得以保存下来。一个初出茅庐的年轻人就这样靠自己的勇气和毅力挽救了球队，同时也成就了自己，他的名字叫麦克格雷迪。

由此可见，在面临困境时，要想获得非凡的勇气去战胜困难，最好的办法也就是置自己于死地，断自己的退路，背水一战。

当千载难逢的机会降临到我们的面前的时候，当某件事情的发展到了一个生死攸关的时刻，人需要有一点破釜沉舟、置之死地而后生的精神。正是因为面临这种无退路的境地，人才能集中精神奋勇向前，才能最大程度地调动自己的潜能，从生活中争得属于自己的位置。

在很多时候，我们都需要一种斩断自己退路的勇气。因为身后有退路，我们就会心存侥幸和安逸，前行的脚步也会放慢；如果身后无退路，我们才能集中全部精力，勇往直前，为自己赢得出路。

人无压力轻飘飘，井无压力不喷油

社会的进步、科技的发展、日趋激烈的竞争，不仅为我们带来了前所未有的便利与快捷，也给我们带来了巨大的压力，每一个人都感到在看似轻松的时代，压力无处不在，危机十面埋伏。著名催眠治疗师布赖恩·罗特说：“只有死人，才没有压力。”的确，生活中压力无处不在，压力本身就是生活的一部分。压力大与小，能不能承受与舒解，关键在于面对压力时，你自己的心态与应对的方法。

有一位高中生厌学到了难以忍受的地步后，认为当工人最快乐，而且他把目标锁定在当码头装卸工上。面对儿子的选择，聪明的父亲并没有暴跳如雷。他同学校商榷，替儿子办了休学手续，又通过关系将他送到了一个码头工作。和这位年轻人所想像的一样，刚开始的头几天，令人心烦的学习压力消失了，为此，他很是快乐了一阵。然而，新工作的压力很快就不期而至，而且更让人不堪承受。两个月后的一天，在拖着疲惫的身躯回到家里时，年轻人要求重新回到学校。他的老爸会心一笑，什么也没说，又给他办了复学手续。一段人生的波折，终于让年轻人恍然大悟：人间处处有压力。

生活中，每个人都得面对压力，适度的压力会调动我们自身的能力，使我们更好地完成工作。但压力过太，就会给精神上带来负面影响，使我们无法轻松快乐地生活。

大多数人可能认为，压力乃是一种消极因素，殊不知压力在某种意义上更是促使人积极向上的动力。压力越大，动力也就越大，只有不断在压力中获得重生的人才能茁壮成长。

有一哲人说过：“要想有所作为，要想过上更好的生活，就必须去面对一些常人所不能承受的压力，你得像古罗马的角斗士一样去勇敢地面对它，战胜它，这就是你必须走的第一步。”的确，压力中潜藏着成长的机缘。哪里有压力，哪里就有成长的契机。

一个博士毕业生找了份满意的工作，但公司总是不断地给他工作上压担子，他感到压力很大很累，就去向他的导师请教。导师没有立即回答他的问题，反而领着他外出散步。像往常一样他们一边走一边漫谈，不知不觉在操场上转了一圈。导师看了一下表说，你看我们已经走了一圈了，用了近十分钟，现在你一个人用便步走一圈吧。弟子不明白老师的用意，只得信马由缰地走了一圈，回到导师身边。导师又看了下表说，你这次走一圈用了六分多钟，现在请你把身边的那块石头扛在肩上，再走一圈吧。弟子只得把那石头扛在肩上，他感到很沉，只好小跑了一圈，回到导师身边已经是大汗淋漓，气喘吁吁了。导师又看了看表说，这次你只用了三分多钟，你说是怎么回事呢？弟子想了想说，老师我明白了，第一次因为我们漫无目的，所以用了最长的时间才走完一圈；第二次我心里有了走完一圈的目标，但没有压力所以用的时间也较长；第三次因为我心中有了走完这圈的目标，也有了肩上的重压，所以反而用了最短的时间。导师赞许地点点头说："这就是公司给你压力的原因呀。"

可见，一个人在一定的压力范围内，他的工作业绩与压力是成正比的，即工作压力越大，工作业绩越好。对于强者，压力从来就不是包袱。因为适当的压力会转化为个人内心的动力，利于人们保持良好的状态，挖掘自己的潜能，提高工作效率。

"铁人"王进喜说："油井没有压力打不出油；人没有压力做不好工作。"有压力才有动力，对任何人都一样。勇于接受挑战并承担压力，是人们获得事业成功的重要保证。这个世界永远都不会缺乏优秀者，但只有少数人能获得成功。这并不是因为一时运气光顾，也不是机遇青睐，而是这些人具备足够的抗压能力。在困难面前，当人们都怯懦的时候，他们却展现拼搏的勇气，在挫折面前，当很多人产生放弃念头的时候，他们却敢于再次尝试，从失败中一次次累积经验，才使他们能够最终打开通往成功的大门。一个人如果没有足够的抗压能力，那他就不能突破逆境的考验，无论做什么事情，都将无法取得成功。

有一位知名泰国企业家因玩腻了股票，想尝试做一些其他的，他把矛头指向了房地产，他把自己全部的积蓄和银行贷款全部投了进去，在曼谷市郊盖了15幢配有高尔夫球场的豪华别墅，但时运不济，他的别墅刚刚盖好，就面临亚洲金融风暴肆虐，他的别墅一栋也卖不出去，贷款也还不起，这位企业家只能眼睁睁地看着别墅被银行没收，连自己住的房子也被拿去抵押，还欠了一屁股的债。

这位企业家的情绪一时被突如其来的巨大压力压得低落到了极点，他怎么也没想到对做生意一向轻车熟路的自己会陷入这种悲惨的境地。

他决定重新白手起家，他的太太是做三明治的能手，于是就建议丈夫去街上叫卖三明治，企业家经过一番思索答应了。从此曼谷的街头就多了一个头戴小白帽、胸前挂着售货箱的小贩。

昔日亿万富翁沿街卖三明治的消息传到大街小巷，有的顾客出于好奇，有的出于同情，买三明治的人越来越多，许多人吃了这位企业家亲手做的三明治后，被这种三明治的独特口味所吸引，于是消费者就经常光顾，回头客不断增多。现在这位泰国企业家的三明治生意越做越大，他慢慢地走出了人生的低谷。

他叫施利华，几年来，他以自己不屈的奋斗精神赢得了人们的尊重。在1998年泰国《民族报》评选的“泰国十大杰出企业家”中，他名列榜首。作为一个创造过非凡业绩的企业家，施利华曾经备受瞩目，在他事业的鼎盛期，他认为自己尊贵得像城堡中难得一见的皇帝。然而，当他失意时，习惯了发号施令的施利华亲自推车叫卖三明治，无疑需要极大的勇气。然而，他顶住了压力，成功了。

没有压力就唤不醒斗志，没有压力就挖掘不出潜力，所以孟子说“生于忧患，死于安乐”。压力是一支强心剂，促使我们驾着生命的车轮，不断地快节奏地向上滚动，伴着我们在人生之书上写下辉煌的篇章，在人生大舞台上尽情展现自己的风采。试想，一个懒散没有压力的人是如何的堕落与沉寂。他只会为别人的成功而喝彩。而自己却一事无成，安于现状，任时光流逝、岁月蹉跎，在风尘中死去。

也许你正感受着来自生活、工作和学习的压力，也许你正在为此抱怨、不平，与其诅咒命运的不公，不如换一种眼光重新领悟压力的价值。把压力化作动力，压力才能真正发挥出其内在的巨大力量。正如二战时期的风云人物斯大林所说，只有伟大的压力，才会产生强大的动力。

人可以绝望，但不能没有希望

人生不能没有希望，所有的人都是生活在希望当中的，有希望的人生才能一路充满温暖的阳光。假如真的有人是生活在无望的人生当中，那么他只能是人生的失败者。

人的一生不可能总是一帆风顺。历数古今，无数成功人士的成功道路上都会遇到各种各样的挫折。但是，成功的希望总能给他们以巨大的力量。相反，有许多曾经胸怀大志的人却最终一事无成，其中一个重要原因是在困难面前他们失去了希望。西班牙思想家松苏内吉曾说过："我唯一不能缺少的东西就是希望。"当拥有了希望，无论怎样的黑暗之中也会看到光明，无论怎样的痛苦也会感到快乐。在漫漫的人生道路上，拥有希望就是像无边大海中的灯塔，指引着我们前进。

曾经有一位将军在一次战争中失利，带着手下的残兵败将漂流于海上。已经远离祖国土地多日的他们早已弹尽粮绝，而海水无边无际，已经迷失了方向的他们找不到一处可以补充粮食、淡水的小岛。眼看死神在渐渐逼近，只见将军捡起甲板上的一只空瓶，写了一封求救信塞进瓶中并封好瓶口。他让部下将瓶子向海水中投去，希望这只瓶子能随海水漂回祖国，将他们遇难的消息通知国人。部下对将军的做法深表怀疑，而将军却坚定地看着远方说："我将求生的希望放到瓶中，瓶子一定会漂回我们的国家，带给我们好运的。”几天后，将军和奄奄一息的部下们被过往的船只救上了岸，而那只满载希望的瓶子也在若干年之后历经“千辛万苦”漂回将军所在的国家。

无论你面临着什么样的困境，你所做的不应该是一味地埋怨和咒骂，因为这只会使你变得更沮丧。对于你，最要紧的是应该利用自己手中仅有的希望“火种”，摆脱困境，战胜黑暗，去创造一个光明的前程。

在走向人生这个征途中，最重要的既不是财产，也不是地位。而在自己胸中像火焰一般燃烧起的一念，即“希望”。因为那种毫不计较得失、为了巨大希望而活下去的人，肯定会生出勇气，不以困难为事，肯定会激发出巨大的激情，开始闪烁出洞察现实的睿智之光，与时俱增、终生怀有希望的人，才是具有最高信念的人，才会成为人生的胜利者。

鲁迅曾经说过：“希望是附丽于存在的，有存在，便有希望，有希望，便是光明。”希望是激励我们前进的巨大的无形动力。只要我们满怀希望，我们就能走出困境，重新看到光明。时刻对未来怀有希望，并为之锲而不舍地奋斗，才是具有最高信念的人，才会成为人生的胜利者。

有这样一个在困境中燃起生命和希望之火的故事：

一天早上，欧文与几个建筑工人，爬上一幢小房子的屋顶工作。那天天气极其闷热，而他们所做的工作又异常棘手。欧文当时正在一个木架上工作，主管叫他递过一件工具。欧文伸手去取的时候，忽然，一根木条因不能承托他的重量而折断了。他踩了个空。

这一跌非同小可，因为他180斤重的庞大身躯是头先着地的。欧文后来回忆说：“我的头先坠地，跟着身躯下压，使我的前额像扭扭棒一样扭曲地顶住我的胸膛。在那一刻，双脚已没有知觉了。

“当别人把我的头放在枕头上，我才开始感觉到痛楚，那痛楚越来越厉害，我只好叫他们把枕头移走。我觉得头颅与身躯好像只有一根线连着。每次我把头稍做移动，痛楚就会加剧。我以为那根线快要断了，头颅也要与身体分家了。我挣扎着保持清醒。

“不久，救援队到了，他们要把担架放在我的身躯下，我非常害怕，因为我的痛楚已非常难耐了。不过，医生不断地安慰我，同时以利落的专业手法移动我，使我的痛苦不至大大增加。

“在医院里，脑科专家把我移上X光台，然后把我的头移到照X光的最佳位置。我以前虽然也经历过痛苦，但那一次的经历毕生难忘。不久。X光报告出来了，医生证实我的椎骨在第五和第六节之间折断了。

“那一夜，我半睡半醒，反复回忆当天所发生的事。

“就在这既痛苦又迷糊的时候，我记起罗斯福总统的话：‘我们需要害怕的。就是害怕本身。’

“第二天当我醒来后。头部两旁的支架提醒了我身在何方。不久我发觉，我愈减少活动，痛苦就会愈少。我觉得胸口以下像木乃伊一样。这种感觉非常恐怖，因为这意味着我的知觉已完全失去了。”

以后数周，一切测试都证明欧文已终身残废。但他仍抱有希望。他希望会有奇迹发生，他的脊梁骨会愈合，为大脑传递信息。

因此，他全心全意去找寻复原之道，想知道怎样做才可以使自己复原。他并没有向人问及自己的情况，因为他从两个护士的对话中，已知道四肢瘫痪了。欧文从未见过四肢瘫痪的人，但此刻他知道自己头颈以下的身躯已不能再动了！

这位年轻的丈夫和父亲要面对的是无比艰辛的日子，但没有人比他更坚强。

他说："我要活下去。我要凭着渴望、意志活下去。我要激发求生的意志。并要撑下去，我要去医治，我要发挥自己的潜能。我要专心培养这些信念。而决心必会使我成功。我永不放弃！"

八年后，欧文几乎需要以轮椅代步，但他仍说他的生命是美好的。

他说："我不会让自责、埋怨和憎恨占有任何位置。我深信憎恨只会带来破坏。我要带着爱去生活，虽然我的身躯伤残，但我的心仍保存着功能。我现在认识到那些真正伤残的人，是那些只以外表完美作为美的标准的人。

"有时在超级市场坐着电动轮椅在货架中穿行时，小朋友会瞪大好奇的眼睛望着我，但我只要向他们笑笑或眨一下眼就可以应付了。有一次，一个小朋友还对我说：'哇，你真勇敢啊！'"

欧文今天所做的，并不局限于和小朋友打招呼，他有自己的生意。他为酒店安排专业的保姆服务，还在"新希望"电话辅导中心当义务咨询员。

欧文找到了新希望，因此，他的事迹可以为在困境的人灌注新的希望。

世上没有绝望的处境，只有对处境绝望的人。只要我们心中存在希望，只要我们心中有一颗希望的种子，那么就一定会创造出奇迹。

任何时候人都要有希望，因为只有有了希望，生命才会有活力。人的一生中，往往会遇到很多的挫折与不幸，我们会有无助与失落的时候，我们也会感觉到绝望。此时，唯有重新燃起希望的火苗，让自己有足够的勇气与信念活下去，才会成就人生的辉煌。

保持“希望”的人生是有力的。失掉“希望”的人生，则通向失败之路；“希望”是人生的力量，在心里一直抱着美“梦”的人是幸福的。也可以说抱有“希望”活下去，是只有人才被赋予的特权、只有人，才由其自身产生出面向未来的希望之“光”，才能创造自己的人生。

第七章　成功无捷径，总要慢慢熬

浮躁，是成功路上的绊脚石

在我们心灵深处，总有一种力量使我们茫然不安，让我们无法宁静，这种力量叫浮躁。浮躁就是心浮气躁，是成功，幸福和快乐最大的敌人。如果一个人浮躁，容易变得焦虑不安或急功近利，最终会失去自我。

浮躁给人带来的危害是很大的。浮躁的人自我控制力差，容易发火，不但影响学习和事业，还影响人际关系和身心健康。

有一个刚刚毕业的大学生，因没有考上研究生不知道何去何从，又因担心即将去一个人才济济的大公司任职的女朋友移情别恋而终日郁郁寡欢，当别的同学都主动去联系工作单位时，他却天天混在宿舍里，只知道借酒消愁，还经常和同学争吵，任何事情都不能耐心地去做，心情浮躁不安。

后来，在女朋友的劝说下，他去看了心理医生。心理医生了解了他的情况后对他说："你曾看过章鱼吧？章鱼在大海中，本来可以自由自在地游动、寻找食物、欣赏海底世界的景致、享受生命的丰富情趣，但它却找到了个珊瑚礁，伸出八只强大的手臂，牢牢地攀住珊瑚礁，然后动弹不得、焦躁不安，让自己陷入绝境。其实，系住章鱼的是它自己的手臂！"心理医生用故事的方式引导他思考，并提醒他，"我想，此时的你很像那只章鱼。如果你想从浮躁的不良情绪中走出来，就一定要松开你的"八只手"，用它们自由游动，这样你才能积极地去争取人生的成功与幸福。”

有一位学者曾语重心长地说过：“浮躁的心态是要不得的，它急功近利，一旦所需要的东西不能实现，便会让人焦躁、烦恼。”所以，不要因外界的纷纷扰扰而自坏阵脚，乱了自己生活的步子，更不要心生烦躁、忧虑、焦灼，要保持你心情的宁静。

轻浮、急躁，对什么事都深入不下去，只知其一，不究其二，往往会给工作、事业带来损失。事情往往就是这样，你越着急，你就越不会成功。因为着急会使你失去清醒的头脑，结果在你奋斗过程中，浮躁占据着你的思维，使你不能正确地制订方针、策略以稳步前进。所以，我们只有正确地认识自己，才不会盲目地让自己奔向一个超出自己能力范围的目标，而是踏踏实实地去做自己能够做的事情。

李嘉诚，世界“塑料花大王”，他就是稳健、不浮躁的典范。1940年，11岁的李嘉诚来到香港。14岁，父亲去世，他辍学打工。他不肯接受舅父的帮助，坚持自己找工作，表现出他自强独立和自信的性格。缘于这种性格，造就了他以后稳健前进的工作作风、不浮躁的工作态度。

他认为银行是同钱打交道的，不会倒闭。所以，他首先去了银行，可是他的银行梦想由于种种原因没有成功，而后在一家茶馆里当了伙计。虽然他只是一名伙计，可他却胸怀大志，从小事做起，一步步地向目标迈进。他时时处处揣测茶客的籍贯、年龄、职业、财富、性格，揣摩顾客的消费心理，既真诚待人又投其所好，让顾客既付钱又开心。以自觉养成察言观色、见机行事的习惯。他还收集了很多旧书，看过之后卖掉。就是这样，李嘉诚既赚了钱，又掌握了知识。

后来，他觉得在茶馆里没有前途，就进了舅父的钟表公司当学徒，并很快学到了钟表的装配及修理的有关技术。

1946年，他17岁，辞别舅父，开始了自己的创业道路。虽然他屡遭失败，几次都陷入困境。但他从不浮躁，而是踏踏实实地走好每一步。

他翻阅英文版《塑料杂志》，读到了一则简短的消息：意大利一家公司已开发出利用塑料原料制成塑料花，并即将投入生产，向欧美市场发动进攻。他立即想到另一个消息，那个消息说欧美人生活节奏加快，许多家庭主妇正逐渐成为职业妇女，家务社会化的需求越来越强烈。于是他推想，欧美的家庭，都喜爱在室内外装饰花卉，但是快节奏使人们无暇种植娇贵的植物花卉。塑料插花正好可以弥补这一不足。他由此判断，塑料花的市场前景一片大好。而当时的香港，塑料是一片空白。于是，1950年夏，李嘉诚创立了长江塑料厂。

李嘉诚的这些成就可以说都源自他有审时度势的判断力。而这种判断力却来自于他的稳健。作为一个不浮躁、稳健的人，李嘉诚是很会判断机遇并抓住机遇的。在工厂经营到第七个年头的时候，李嘉诚开始放眼全球。

长江公司很快占领欧美的大片市场。仅1958年一年，长江公司的营业额就达到了一千多万港元，纯利一百多万港元。塑料花使长江实业迅速崛起，李嘉诚也因此成为世界“塑料花大王”。

通过这个故事我们不难看出，浮躁与稳健对于一个人成功的影响有多大，李嘉诚之所以成大事，除了天赋异秉外，力戒“浮躁”也是必不可少的。只有不浮躁，才能经受住成功路上的辛苦，只有不浮躁，才会有耐心与毅力前进。

其实，我们处在这个千变万化的世界中，人人都有过浮躁的心态，这也许只是一个念头而已。一念之后，人们还是该做什么就做什么，不会迷失了方向。然而，当浮躁使人失去对自我的准确定位，使人随波逐流、盲目行动时，就会对家人、朋友甚至社会带来一定的危害。这种心浮气躁、焦躁不安的情绪状态，往往是各种心理疾病的根源，是成功、幸福和快乐的绊脚石，是人生的大敌。无论是做企业还是做人都不可浮躁，如果一个企业浮躁，往往会导致无节制地扩展或盲目发展，最终会失败；如果一个人浮躁，容易变得焦虑不安或急功近利，最终迷失自我。

对于渴望成功的人，应该记住：你着急可以，切不可以浮躁。成功之路，艰辛漫长而又曲折，只有稳步前进才能坚持到终点，赢得成功；如果一开始就浮躁，那么，你最多只能走到一半的路程，然后就会累倒在地。

因此，一个人只有控制了浮躁，他才会吃得起成功路上的苦，才会有足够的毅力一步一个脚印地向前迈步，最后走向成功。只有自己控制好了自己的浮躁情绪，才不会因为各种各样的诱惑而迷失方向。

耐得住寂寞，成得了大事

有道是：“古来圣贤皆寂寞”。为什么？因为寂寞是一种至高的境界。在寂寞的世界里，你的灵魂是无助的，心底也不会再响起尘世的喧嚣，你的内心不会是一片宁静的。其实，寂寞是一种无形的力量，而且无比强大。它可以深入到人的每一根神经和血管，可以延伸到我们生活的每一个角落。古今中外，大凡有所成就的人，都能够忍受住寂寞，忍受住平淡无味的生活，在默默无闻中锐意进取。

增删五次，批阅十载的曹雪芹甘于寂寞，最终写出了鸿篇巨著《红楼梦》；远离世外跳离红尘的玄奘大师独守寂寞，透视到了佛学的真谛；伟大的无产阶级革命导师马克思终日与寂寞为伴，与沉思为伍，最终他完成了《资本论》。这些人拥有生命的支柱，精神的脊梁，人性的守望。耐得住不为人知、无人喝彩的寂寞，使自己的人生在寂寞中丰盈起来，高大厚重起来。所以说，现在的年轻人要想成功，要想成就一番事业，就一定要甘于寂寞。谁能耐得住寂寞，谁就能有一颗宁静的心灵，心灵一旦安静下来，尘埃落定，何愁做不成想做的事情呢？

“克隆先驱”童第周先生，以前曾任过中国科学院副院长、动物研究所所长。即使如此优秀教育家、生物学家也难免与寂寞相伴一生，用他的话说是：要用一颗平和的心去面对寂寞、用一颗乐观的心去感受寂寞，这时寂寞就不会令你感到害怕，相反还会让你感到欣喜。他就是用这样的心态去挑战寂寞的，最终他也实现了自己那份理想。

童第周是在浙江鄞县的农村度过了艰苦的童年，由于贫穷，他没有资格进学校，只好在边干农活，边跟父亲学点文化。自己不能和别的小朋友一起高高兴兴地去上学，童第周的内心充满了无边无积的寂寞。童第周在寂寞中暗暗立下了远大的志向——要考进全浙江省最有名的效实中学读书。

在这一段品味寂寞的日子里，他经过自己的努力，终于考入了效实中学，成为一个高三插班生。后来，他又考入了复旦大学生物系，经过努力，还未毕业的他就已经成为了生物系有名的高才生。

1930年，童第周在亲人的帮助下，来到比利时的首都——布鲁赛尔，在著名生物学家勃朗歇尔教授的指导下，研究胚胎是怎样生成的。那时，他研究的是卵细胞膜的剥除，而这项很有挑战性的手术，要求在显微镜下把青蛙的卵细胞剥开，由于其卵小膜薄，很多研究者都失败了。

童第周在比利时这段时间真正感受到了什么叫做孤独：他没有人可以请教，也没有人能与他一起研究，唯有一份平和的心情。尽管每次都是以失败告终，但他仍然会详细地记录下试验的每一个细节，希望从中能找出失败的原因，以总结出如何才能更好地剥除卵细胞。他一次次地对自己说，能经得起失败、经得起孤独寂寞的人，才能更好地走向成功。

就这样，童第周在承受过无数次失败、熬过了无数个寂寞的白天黑夜之后，终于征服了这项剥除卵细胞的实验，他也成为当时唯一一个能成功完成剥除手术的人，并引起欧洲生物界一次巨大的震惊。就连一向苛刻的勃朗歇尔教授也禁不住连声称赞："童第周真行！中国人真行！"因为教授本人多次搞这个实验都失败了。之后，童第周更是用这种不怕寂寞、不怕失败的精神取得了一个又一个骄人的成绩。

由此可见，只要你经历了孤独与寂寞，不但可以激励你的斗志，锻炼你的意志，还可以丰富你的经历，让你对孤独有全新的概念。所以说，当一个人感到孤独时，也就是他正在勇敢地面对生活，面对现实的时候，他的心情从此会格外宁静，也能看到自己内心的世界。

在通往成功的道路上，如果你忍受了大多数人不能忍受的孤独和寂寞时，你的回报也就逐渐显现出来。在这些孤独和寂寞的背后，藏着多少汗水，藏着多少痛苦，藏着多少辛酸和不为人知的故事，只有你自己去体会。如果你能完全地忍受住这种孤独和寂寞，那你离成功之巅就不远了。

一家跨国企业发布了招聘启事，数百人前来应聘，而公司的招收名额不足十名。

公开招聘是在早上9点，设在一个大会议室里。公司将应聘者的名单贴在椅子上，让他们对名入座，然后在自己的座位上静静地等待。可是，几个小时过去了，没见招聘人员身影；半天过去了，还是没有人来……一些经过充分准备的应聘者们便失去了耐心，有人开始大声提出抗议，有人开始不这发地来回走动，整个会议室由安静变得嘈杂起来。

午饭的时间都过去了，大多数应聘者终于失去最后一点耐心，选择了离开。也是，一个上午都没见到面试官，午休时更不会有人来了，总不能让大家在这里无限地空等下去吧。一会，会议室里便只剩下五个人。这些人除了去过厕所外，一直坐在自己的座位上，或深思或看书……他们的与众不同显得很是孤寂。

就在大家苦苦等待的时候，面试官来了，将剩余的五个人全部录用。面试官说："耐得住寂寞静心等待的人最善于思考，最能获得成功。所以，公司采用这种方法招聘。"

寂寞是思想上的考验，更是精神的历程。一个人能耐得住寂寞，他就能有一颗宁静的心灵，心灵一旦安静下来，尘埃落定，他也就能将想做的事做好。

寂寞是一种无比强大的力量。它可以深入到人的内心深处，可以延伸到生活的每一个角落。纵观古今中外，大凡有所成就的人，都能够耐得住寂寞，忍受住平淡无味的生活，在默默无闻中锐意进取。

任何一个有辉煌成就的人，都是以孤独寂寞作伴。寂寞孤独的人未必都能取得辉煌，但有辉煌成就的人一定能经得起磨难，耐得住寂寞，承受得住孤独。可以这么说，辉煌是需要寂寞孤独的。为争取辉煌，需要忍常人所不能忍，需要自己与自己较量。在常人眼里，这些人，他们是寂寞的、孤独的，但同时，他们也是快乐的。为了自己心爱的事业，他们选择了寂寞，承受着孤独，但他们又在努力，在奋斗，所以又不是寂寞孤独的。

在美国的一座山丘上，有一间不含任何有毒物、完全以自然物质搭建而成的房子，里面的人需要由人工灌注氧气，并只能以真空与外界联系。住在这间房子里的主人叫辛蒂。1985年，辛蒂在医科大学念书，有一次到山上散步，带回一些蚜虫。她拿起杀虫剂为蚜虫去除化学污染，却感觉到一阵痉挛，原以为那只是暂时的症状，谁料到自己的后半生就毁于一旦。杀虫剂内含的化学物质使辛蒂的免疫系统遭到破坏。她对香水、洗发水及日常生活接触的化学物质一律过敏，连空气也可能使她她支气管发炎。这种“多重化学物质过敏症”是一种慢性病，目前尚无药可医。患病头几年，辛蒂睡觉时口水流淌，尿液变成了绿色，汗水与其他排泄物还会刺激背部，形成疤痕。辛蒂遇到的这一灾难所承受的痛苦是令人难以想象的。1989年，她的丈夫吉姆用钢与玻璃为她盖了一个无毒的空间，一个足以逃避所有威胁的世外桃源。辛蒂所有吃的、喝的都经过选择与处理，她平时只能喝蒸馏水，食物中不能含有任何化学成分。8年来，35岁的辛蒂没有见到一棵花草，听不见悠扬的声音，感觉不到阳光、流水。她躲在无任何饰物的小屋里，饱尝孤独之余，还不能放声大哭。因为她的眼泪和汗一样，可能成为威胁自己的毒素。而坚强的辛蒂并不在痛苦中自暴自弃，她不仅为自己，也为所有化学污染的牺牲者争取权益而奋战。1986年，辛蒂创立了“环境接触研究网”，致力于此类病变的研究。1994年再与另一组织合作，创立“化学伤害资讯网”，保证人们免受威胁。目前这一“资讯网”已有5000多名来自32个国家的会员，不仅发行刊物，还得到美国上院、欧盟及联合国的支持。生活在这个寂寞的无毒世界里，辛蒂以自己的方式创造出成功的奇迹。

只有能够勇敢面对寂寞，不怕寂寞的人，才能有力量让他的才能在寂寞中生光。古往今来，一切有成就的人，也往往是最寂寞的人，而他们带给人们的往往是最美丽的东西，就是因为他们不怕寂寞，敢于面对寂寞。

只要你耐得住寂寞，倾心于事业，才能品出寂寞的真味。正如演员王学圻所说，作为一名演员要耐得住寂寞才能创造出成功的辉煌。耐得住寂寞是所有成功者遵循的一种原则。生活中，只要我们能够耐得住寂寞，就能够甘于在生活的底层磨练摔打，精心积蓄，变失败为成功，最终走到事业的顶峰。

胖子不是一口吃成的，罗马也不是一日建成的

有句俗话说，“心急吃不了热豆腐”，正说明耐心是成功的关键因素之一。成功不是一天造成的，要有耐心才行。当我们为某个目的努力奋斗了一段时间而未果的时候，如果没有足够的耐心而放弃了，那么，成功将会与你擦肩而过。

有这样一个古老的传说：

> 在大海旁的一个渔村中，住着张三和李四两个渔民，他们俩都梦想成为富翁，摆脱每天捕鱼的生活。有一天夜里，张三做了一个梦，梦里有人告诉他对岸岛上的寺里有99株朱槿属，开红花的 一柱下面埋了一坛黄金。张三满心欢喜的驾船去了小岛，岛上一切景色果然如梦中所说。春天一到，99株朱槿树全都盛开，只不过开的是清一色的淡黄花。张三便垂头丧气地回去了。李四知道了这件事后也来到了寺里，从秋天等到第二年春天。果然，在春风的吹拂下，朱槿花凌空开放，一株朱槿树盛开出美丽绝伦的红花。李四激动地在树下挖出一坛黄金，成为村里最富有的人。

现实生活中，很多人都有积极行动的勇气，却常常缺乏等待胜利果实到来的耐心。成大事者，很多情况下不能大急大躁，而应有足够的信心和耐心等待机会和创造机会。

每个人都希望自己能成功，但是，成功并不是一蹴而就的。所谓“十年树木，百年树人”，人经不起时间的磨炼，经不起一点挫折，要有所成就是很难的。

富兰克林说：“有耐心的人，能得到他所期望的”。耐心是成功的磨刀石。学会了等待时机，离“成功”也就不远了。想成就大业的人，要有忍耐的精神，不应该被自己一时的冲动所左右，要想取得最后的胜利，就要分清远近大小和轻重缓急，在该舍的时候要忍痛割爱，在该忍耐的时候要从长计议，谨慎行事。

一位著名的长跑教练到某地物色新苗子，有个男孩子引起了他的兴趣，他叫男孩子当天下午给他打那个专用电话。

下午，他一直守在电话旁。电话铃响了，可是响了5下就没了。不久，电话铃又响了，可是响了4下又没了……

第5次，电话铃只响了一下，教练就把电话拿起来了，一听，果然是那个男孩打来的。教练问前面几次电话是不是他打的，男孩说是。

于是，教练决定不招这个男孩了。他说：电话铃一般是响15下之后才断的，可那个男孩连播了5次电话，前4次都半途而废，然后再重拨，很没有耐心。原来，前几次，教练都是故意不接电话的，就是想考察一下对方的耐性，因为耐性对一个长跑运动员来说，尤为重要。

成功需要最后的那一点耐心，放弃的时候，也正是离成功最近的时候，这是人生不变的定理——人生犹如一条狭长漆黑的小巷，我们都穿行其中，而且都不知道巷子的长度。只有走到了巷子的出口才为成功。走在这样一条寂寞的小巷里，必须要有足够的耐心。毫无疑问，离巷子出口最近的地方，就是我们熬不下去、准备回头处。

对所有的人来说，耐心是一剂特效药，也是人在患难中最可靠的依托和最柔软的依靠。确信无法突破的时候，首先要选择的是忍耐。忍耐精神是意志坚强者的品质，忍耐不是软弱，而是另一种意义上的坚强。能否多坚持一分钟，是人才和平庸之徒的分水岭。能忍耐的人，才能够得到他所要的东西。

耐心是一种坚持。在相当意义上说，耐心是成功的“通行证”。在人生的征途上，哪有一帆风顺？总会遭遇挫折，有时还布满荆棘，如果没有耐心，不能坚持到底的话，则很难看到成功的模样。“日日行，不怕千万里；常常做，不怕千万事”。很多时候，成大事不在于力量的大小，而在于能坚持多久，更在于你能否坚持到底。

有一位全国著名的推销大师，即将告别他的推销生涯，应行业协会和社会各界的邀请，他将在该城中最大的体育馆，做告别职业生涯的演说。那天，会场座无虚席，人们在热切地、焦急地等待着，那位当代最伟大的推销员，作精彩的演讲。

当大幕徐徐拉开，舞台的正中央吊着一个巨大的铁球。为了这个铁球，台上搭起了高大的铁架。一位老者在人们热烈的掌声中，走了出来，站在铁架的一边。他穿着一件红色的运动服，脚下是一双白色胶鞋。人们惊奇地望着他，不知道他要做出什么举动。这时两位工作人员，抬着一个大铁锤，放在老者的面前。主持人这是对观众讲：请两位身体强壮的人，到台上来。好多青年站起来，转眼间已有两名动作快的跑到台上。老人这时开口和他们讲规则，请他们用这个大铁锤，去敲打那个吊着的铁球，直到把它荡起来。一个青年人抢着拿起铁锤，拉开架势，抡起大锤，全力向那吊着的铁球砸去，一声震耳的响声，那吊球动也没动。他就用大铁锤接二连三地砸向吊球，很快他就气喘吁吁。另一个人也不示弱，接过大铁锤把吊球打得丁当响，可是铁球仍旧一动不动。台下逐渐没了呐喊声，观众好像认定那是没用的，就等着老人作出什么解释。会场恢复了平静，老人从上衣口袋里掏出一个小锤，然后认真地，面对着那个巨大的铁球。他用小锤对着铁球“咚”敲了一下，然后停顿一下，再一次用小锤“咚”敲了一下。人们奇怪地看着，老人就那样“咚”敲一下，然后停顿一下，就这样持续地做。

十分钟过去了，二十分钟过去了，会场早已开始骚动，有的人干脆叫骂起来，人们用各种声音和动作发泄着他们的不满。老人仍旧一小锤一锤地工作着，他好像根本没有听见人们在喊叫什么。人们开始忿然离去，会场上出现了大块大块的空缺。留下来的人们好像也喊累了，会场渐渐地安静下来。

大概在老人进行到四十分钟的时候，坐在前面的一个妇女突然尖叫一声：“球动了！”刹时间会场立刻鸦雀无声，人们聚精会神地看着那个铁球。那球以很小的摆度动了起来，不仔细看很难察觉。老人仍旧一小锤一小锤地敲着，人们好像都听到了那小锤敲打吊球的声响。吊球在老人一锤一锤的敲打中越荡越高，它拉动着那个铁架子“哐、哐”作响，它的巨大威力强烈地震撼着在场的每一个人。终于场上爆发出一阵阵热烈的掌声，在掌声中，老人转过身来，慢慢地把那把小锤揣进兜里。

老人开口讲话了，他只说了一句话：在成功的道路上，你没有耐心去等待成功的到来，那么，你只好用一生的耐心去面对失败。

耐心是一种坚韧。哲人说："无论何人，若是失去了耐心，就失去了灵魂。"耐心考验人的毅力和定力。古往今来，滴水穿石也好、铁杵磨成针也罢，愚公移山也好、精卫填海也罢，难在耐心、贵在耐心、成也在耐心。俗话说，慢工出细活。我们做很多事情，往往要靠绣花的精细功夫，而离开了耐心，这些都无从谈起。

很多的时候，尽管我们也曾经全身心的投入过，也曾经拼搏过，但常常在成功即将来临的时候，却又失去了最后的耐心，这时的成功实际上离我们只有一步之遥，仅仅是一步之遥，只要耐心的坚持一下，成功也同样会属于我们，然而却鬼使神差的放弃了，回过头来当我们醒悟的时候为时已晚，后悔莫及了。

雄心的一半是忍耐，成功的一半是等待

忍耐是克服一切困难的保障，它可以帮助人们成就一切事情，达到理想。有了忍耐，人们在遇到大灾祸、大困苦的时候，就不会无所适从；在各种困难和打击面前，就仍能顽强地生活下去。世界上没有其他东西，可以代替忍耐。它是唯一的，不可缺少的。

忍耐是所有成就大事业的人的共同特征。他们中有的人或许没有受过高等教育，或许有其他弱点和缺陷，但他们一定都是坚韧不拔的人。劳苦不足以让他们灰心，困难不能让他们丧志。不

管遇到什么曲折，他们都会坚持、忍耐着。

日本著名的三井物产的总裁八寻俊邦，是一个懂得忍一时之辱，最终成就了一番大业的典范。1940年，由于在越南的业绩非常突出，八寻俊邦被调回三井物产的总部，并升任为神户分店的橡胶课课长。但在他任课长期间，由于橡胶行情大幅下滑，加上他的应变措施出台太慢，给公司造成了重大的损失，八寻俊邦因此被降为一般职员。其实，业绩下滑在很大程度上是外在客观原因造成的，而将错误完全归咎于八寻俊邦未免有失偏颇，何况他还是有功之臣，但公司还是毫不留情地将他降了职。可能很多中层领导者在遭遇这样的情况时，会感到莫大的耻辱，甚至对企业失去信心，因此一走了之，另谋高就。但对八寻俊邦来说，受到这样的处罚虽然让他感到既难过又羞辱，对他打击也非常大，但他还是选择了忍耐。他从哪里跌倒，就要从哪里爬起来。

他真的做到了。八寻俊邦告诉自己：以前的光荣都已成为过去，重要的是今后再遇上问题时要懂得如何处理、应变。他在内心不断地鼓励自己："绝不气馁。"他很快调整了自己的心态，重新带着巨大的热情投入到工作中去。一年后，八寻俊邦被分配到石油制品部门，他感到展现自己才华的时机到了，于是开始大展拳脚。很快，他升任为三井物产化学品部门的部长。最终，他成为三井物产的总裁。

人生在世，不如意的事十之九。越是在受到挫折、身处逆境时，越是能保持冷静、顾全大局，让一步，就能对以后有更好的发展。

忍让并不是懦弱地躲避，而是有意识地忍耐，为的是有朝一日东山再起。忍耐不是一个抽象的概念，关键要在具体环境里，能理智地区分什么重要，什么不重要；什么是原则问题，什么是非原则问题；什么必须现在解决，什么可以暂缓解决。忍耐能让人获得机会，争取更大的空间。因此，在某种意义上，忍耐必将是一种等待，为图大业等待时机成熟，忍之有道。这种忍，不是性格软弱、忍气吞声、含泪度日之举，而是高明人的一种谋略，是做人处世的上上之策。

清朝的曾国藩虽然在历史的潮流中是一个反面人物，但在他的逆境成功中，我们不难发现，屡战屡败而又屡败屡战的曾国藩之所以能够在绝境中求生路，在逆境中出转机，并因此度过了人生中一个又一个的低谷，成为满清第一奸臣，最关键的一点就是他善于忍耐，长于忍。曾国藩所处的时代，正是大清王朝风雨飘摇、大厦将倾，各种危机矛盾和打击纷至沓来，而他也正是集中所向。

曾国藩没有慌乱，他以过人的胆略和高超的手腕，用尽了人间的“忍”功。他在自己的长期做官时间里，总结出了三句至理名言，“打脱牙和血吞”“居官以忍耐为第一要义”“养活一团春意思，撑起两根穷骨头”。也就是说，当人生遭受巨大的打击时，要能够默默无闻忍受，以等到希望的出现；做官一定要以忍耐来自我约束，以防止浮躁而铸成大错；做人做事要有骨气，任何时候都要耐得住寂寞，而不放弃希望。

三句至理名言，无论是从人生、官场还是生活的角度，都体现了曾国藩的“忍”术，是关于忍的体验，也是他一生经验的总结。

忍耐不是弱者的音符，它是强者的形象。忍耐，是一个人对理想、目标追求的具体表现。当命运陷入无可掌控之时，就要心平气和地接纳这种弱势，坚强地忍耐弱者的地位，在守弱的基础上积累实力，一点点发愤图强，使自己慢慢脱离弱者的不利地位，适时出击，争取赢得新的成功机会。

一个人要想做大事业就得忍受常人所不能忍受的耻辱。历史将赋予你重大的任务，你就要有宽阔的胸襟去容忍世间的不平，做好吃苦受辱的准备，那不仅是命运对你的考验，也是自己对自己的验证。

日本矿山大王古河市兵卫，小时候做过豆腐店工人，后来受雇于高利贷者，当收款员。有一天晚上，古河前往一个借贷者处催着要钱，对方以淡漠、不理睬的态度对待他。让古河一个人在那儿干坐，到睡觉时干脆熄灯就寝，就像没有古河这个人。古河也不为所怒，静静地坐在那里，忍冻挨饿一直乖乖地等到天亮。第二天清晨，古河端坐如初，脸上照旧堆满笑容，没有露出一丝怒意。对方被古河的耐性所感动，态度为之一变，恭恭敬敬地把钱还给他。

古河这种认真随和而又富有耐性的态度，老板大为欣赏。没多久，老板就介绍他去财主古河家做了养子。之后，他买下一处废铜矿——足尾铜矿。

这个足尾矿井是一个早已为他人放弃的废矿井，世人皆认为该矿已经是一块铜矿石也没有了。因此，他一开始掘凿，人们就不断嘲笑，认为得不偿失，视古河为疯子。然而，古河不为人所动，靠耐心和意志，跟矿工们一起日夜辛苦地挖掘，但结果十分令人失望。

一次失败，他没灰心。他又从西欧引进新技术，买进新机器，接着再干。他在挖掘新矿坑时受了伤，但他并没有因此而打退堂鼓，伤还未完全好就出现于矿坑现场，继续苦干。两年过去了，资金天天减少，但却不见铜的影子。古河一点儿也不气馁，面对困境，咬紧牙关，抱定死在矿山的决心，跟矿工们同甘共苦，每天挖掘不止。经过四年艰苦奋战，终于挖出了铜矿，完成了别人认为不可能成功的事。

当有人问古河成功的秘诀时，他说："我认为发财的秘方是'忍耐'两个字。有忍耐的人，一定能够得到他所要的东西。"

以坚忍为资本去从事事业的人，他们所取得的成功，比以金钱为资本的人更大。许多人做事有始无终，就因为他们没有充分的坚忍力，使他们无法达到最终的目的。然而，一个伟大的人，一个有坚忍力的人却绝非这样。他不管情形，总是不肯放弃，不肯停止，而在再次失败之后，会含笑而起，以更大的决心和勇气继续前进。

如果你想在事业上有所成就，忍耐是个很重要的问题。人的一生当中会遇到很多问题，如果你能忍第一个问题，你便学会了控制你的情绪和心志，以后碰到大的问题，自然也能忍，也自然能忍到最好的时机再把问题解决，这样才能成就大事业！

不管别人是否欣赏，都要坚守自己的信念

信念是一切成功和奇迹的源泉。古往今来，每个有成就的人

在其生活和事业的旅途中，无不以信念为先导。如果我们在做任何事之前，没能树立起一个坚定的信念，只是一味地采取消极的态度，告诉自己这也无法实现那也不可能做到，恐怕我们的人生也就这样失败了。

不论才能大小、天赋高低，一个人的成功与否都取决于他的信念。相信一定能做到，事实上就能够成功。反之，不相信自己，那就决不会成功。在这个世界上每天都有人开始新的工程，他们都希望能登上最高阶层，享受随之而来的成功果实。但是他们绝大多数都不具备必需的信念，因此他们也无法达到顶点。也因为他们相信自己达不到，以至于找不到登上巅峰的途径，他们的作为也一直只能停留在一般人的水平。

信念是强大的精神力量，有了坚定的信念，就能精神振奋、克服困难，甚至生命受到威胁，也不轻易放弃内心信念。

“石油大王”保罗·盖蒂年轻的时候，决心不依赖于自己的父亲，而只身一个人带着自己仅有的靠做杂工挣来的500美元，来到了俄克拉荷马创业。他打算从事石油的开采，来作为自己事业的开端。但这对他来说，是一个十分艰巨的目标，因为他既没有资本，又没有地质学及石油开采方面的专业知识，只不过在父亲的石油事业的耳濡目染下，有一点感性认识。因此在他的事业刚刚起步的时候，可以说是困难重重。但是，保罗·盖蒂却信心十足——这也是当时支持他的唯一的东西。他认为别人办得到的事，自己也可以干得了。“天下无难事”，有信心就一定可以办到自己想办的事。当保罗·盖蒂在俄克拉荷马看见别人一个个挖掘油井的时候，他就告诉自己：我一定也能挖出有油的井。

虽然第一年他走遍了许多地方，但机会与他不曾碰面，他未能找到合适的石油田地皮，但他没有灰心，到1915年的秋天他的机会终于来到了。有人要出租一块地皮，他看到后，就仔细去考察了那块地，觉得很有希望打出油来，于是他就和那个人讲价钱。总算是苍天不负有心人，最终，经过讨价还价，终于以500美元把它租了下来。

有了地并不等于马上可以挖井采油了，他组建了一个公司，准备在这块租来的地上面正式开采石油。可是，他带来的所有的钱全部都交了土地租金，哪还有钱买机械挖井呢？最后，他想出了办法。他与他的父亲商议合作，由父亲投资机械，同时将石油公司70%的股权转让给他父亲，并且他给他的父亲提交了一份很精确的计划。经过一番商议，他的父亲也很认同他的计划。

就这样，“盖蒂石油公司”可以开工挖井了。保罗·盖蒂的父亲既没有给儿子以娇生惯养的宠爱，也没有无偿地给他投资。而保罗·盖蒂也很有骨气，他在这块地上与聘来的几个工人日夜挖掘。累了，在工地上打个盹，饿了，吃几块饼干、喝几口水，他与工人们一样拼命地干活。别人根本就不知道他父亲当时已是一个有一定财富的石油老板呢！

不久，保罗·盖蒂所挖的第一口井果然出石油了，而且一天可生产720桶原油呢！两个星期后，他把这块地转租给别的石油公司，他从中净赚12000美元。这个数额虽不算大，但却大大增强了他从事石油开采事业的信心，使他认识到“成功没有神秘的公式”，但总是包含着辛苦和无数的风险，而且，你必须有成功的信心，信心能让你渡过一个又一个难关，一步一步走向成功的顶点。

在成功之前，我们必须相信自己有能力成功。信念的力量在成功者的足迹中起着决定性的作用，要想事业有成，就必须拥有无坚不摧的信念。如果一个人对成功的信念不够坚定，那么他就会在充满困难和阻碍的现实面前缩手缩脚，很难到达成功的彼岸。

“在这个世界上，没有人能够使你倒下。如果你自己的信念还站立着的话。”这是著名的黑人领袖马丁·路德金的名言。只要你心中始终有着一种信念，弱小的人也会变得强壮，再大的困难也能迎刃而解。信念往往具有一种神奇的力量，它会使弱者变为强者，使失败者获得成功。

信念代表着一种希望，像一颗种子，一颗生命的种子。只要心中有信念，一切都会充满希望。信念的力量就是这样的神奇。正如作家丁玲所说：“人，只要有一种信念，有所追求，什么艰苦都能忍受，什么环境也都能适应。”信念的影响力很大，它指引我们的方向，决定我们面对世界的态度，影响我们的成就和格局大小；它是控制我们潜能发挥的阀门，也是我们成功、幸福的基石；大凡成功者都有极为优异的信念，因为信念影响愿景、影响策略，也影响决策。

罗杰·罗尔斯是美国纽约州历史上第一位黑人州长。他出生在纽约声名狼藉的大沙头贫民窟。这里环境肮脏，充满暴力，是偷渡者和流浪汉的聚集地。在这儿出生的孩子，耳濡目染，他们从小逃学、打架、偷窃甚至吸毒，长大后很少有人从事体面的职业。然而，罗杰·罗尔斯是个例外，他不仅考入了大学，而且成了州长。

在记者招待会上，一位记者对他提问：“是什么把你推向州长宝座的?”面对300多名记者，罗尔斯对自己的奋斗史只字未提，只谈到了他上小学时的校长——皮尔·保罗。

1961年，皮尔·保罗被聘为诺必塔小学的董事兼校长。当时正是美国嬉皮士流行的时代，他走进大沙头诺必塔小学的时候，发现这儿的穷孩子比“迷惘的一代”还要无所事事。他们不与老师合作，旷课、斗殴，甚至砸烂教室的黑板。皮尔·保罗想了很多办法来引导他们，可是没有奏效。后来他发现这些孩子都很迷信，于是在他上课的时候就多了一项内容——给学生看手相。他用这个办法来鼓励学生。

当罗尔斯从窗台上跳下，伸着小手走向讲台时，皮尔·保罗说：“我一看你修长的小拇指就知道，将来你是纽约州的州长。”当时，罗尔斯大吃一惊，因为长这么大，只有他奶奶让他振奋过一次，说他可以成为5吨重的小船的船长。这一次，皮尔·保罗先生竟说他可以成为纽约州的州长，着实出乎他的预料。他记下了这句话，并且相信了它。

从那天起，“纽约州州长”就像一面旗帜召唤着他，罗尔斯的衣服不再沾满泥土，说话时也不再夹杂污言秽语。他开始挺直腰杆走路，在以后的40多年间，他没有一天不按州长的标准要求自己。51岁那年，他终于成了州长。

在就职演说中，罗尔斯说：“信念值多少钱?信念是不值钱的，它有时甚至是一个善意的欺骗，然而你一旦坚持下去，它就会迅速增值。”

成功的人离不开坚定的信念。华盛顿曾经说过：“一定要接受基于‘我必成就大事’的直觉而产生的坚强信念。”在你一生中，你一定会有许多次怀疑自己信心与目标是否正确，但你一定要接受这样的一个信念：虽然拥有某种成就的信心并不代表你就一定能达到目的，但是它可以给予你完成梦想所需的勇气。无疑，当你无法完成自己所期望的事情时，你一定会感到失望；然而，你若对自己毫无信心，你将永远无法发挥潜能，因为你拒绝尝试。如果一个人对人生或对一件事没有信心，那么他的信念必定消极，行动也不会得力，遇到困难或挫折就容易让步或退却。所以，我们应该拥有坚定的信念，我们应该相信自己总有一天会走向成功。只要我们每天都在为了目标的实现而坚持不懈地努力奋斗，这种坚定的信念就可以帮助我们克服重重困难，跨过种种阻碍，促使我们付出积极努力的行动，直到获得成功。

给自己的鼓励是最大的动力

人的一切行为都是受到激励而产生的，通过不断地自我激励，就会使你有一股内在的动力，朝向所期望目标前进，最终达到成功。成功总是属于不懈努力和不断的自我激励的人。

自我激励是无形的财富，看不见的法宝。自我激励是一切内心要争取实现的条件，包括希望、愿望等所产生的一种动力，它是人类活动的一种内心状态。人类的一切行为都有一定的目的和目标，人的有目的行为都是出于对某种需要的追求。人的一切行为都是受到激励而产生的，通过不断的自我激励，就会使人有一股内在的动力，朝所期望的目标前进并最终达到目标。因此，自我激励在个人走向成功中起着引擎的作用。

中古时期，苏格兰有位国王叫罗伯特·布鲁斯，他曾前后十多年领导着他的国民抵抗英国的侵略，但由于力量对比悬殊，6次都失败了。

一个雨天，战败后的布鲁斯悲伤、疲乏地躺在一个农家棚子里，几乎没有信心再战斗下去了。这时，他看到棚子里一只蜘蛛在艰难地织网，将丝从一端拉向另一端，6次都失败了，然而这只蜘蛛并没有灰心，又拉了第7次，这次它终于成功了。

布鲁斯受到了极大的启发，“我要再试一次！我一定要取得胜利！”他激励着自己，重新建立起信心，以更大的热情领导人民进行战斗。这次他终于胜利了，将英国侵略者赶出了苏格兰。

苏格兰国王从一只小小的蜘蛛身上看到它再度奋起的勇气，他以同样的方式激励自己，在再试一次中实现了自己的理想。

人的内心中常常存在着需求激励的欲望。我们每个人无论多么坚强，都需要勇气、力量和希望。人生的旅途就像马拉松赛跑，一路上虽然有人为我们喝彩、鼓掌、加油，但这些都只是外在因素，真正的力量，来自自我，来自内心。所以，在面对逆境时，我们要学会自我激励，以积极的心态去应对。

心理学家史金诺经由动物实验证明：因好行为受到奖赏的动物，其学习速度快，意志力也更持久；因坏行为而受到处罚的动物，则不论速度或持久力都比较差。哈佛大学心理学家威廉·詹姆士研究发现，一个没有受激励的人，仅能发挥其能力的20%~30%，而当他受到激励后，所发挥的作用相当于激励前的3到4倍。而这种激励，要通过本人对自己的鼓励或者外部的激励来完成。

人生的成长，有时需要师长的帮助、大众的扶持、领导的提携、朋友的勉励；但是光靠别人，就像仅仅往血管里注射营养剂，是不能从根本上强身健体的，最重要的，还是要靠自己。事业上的成功者，大都是掌握自我激励的人。

日本的“推销之神”原一平，从25岁开始做推销员。他身高只有14.5米，又小又瘦，横看竖看，实在缺乏吸引力，可以说是先天不足。

在他刚开始推销的时候，遭受了太多的挫折，甚至曾经落魄得夜宿街头。为了争取一份保单，他甚至前后73次拜访一个客户，使得对方最终被他的诚意所打动了。其后即便在连续的10年全国销售业绩冠军的期间，他依旧会平均每个月碰到两三次挫折的。那么是什么让他有勇气面对一次又一次的挫折的呢？是什么支撑着他重复地处理客户的不满和异议的呢？

他说：“我常因工作遭遇挫折心灰意冷，不过，只要发现我自己陷入低潮，我总是设法鼓励自己，使自己能够很快地恢复干劲”。

自我激励是通向成功的一种方法。当自己孤立无援的时候，很多人想到的是寻找别人的肩膀去依靠，希望得到别人的安慰和鼓励。与其是依赖别人，为什么不去依靠自己呢？生活中的很多挫折、困难和打击都是需要自己独立去面对的，在别人给不了你帮助和支持的时候，自己就要学会为自己呐喊，为自己加油鼓劲。

学会自我激励，是一个人成功的必备素质。美国哈佛大学的威廉·詹姆斯发现，一个没有受过激励的人，仅能发挥其能力的20%~30%，而当他受到激励时，其能力可发挥至80%~90%，即一个人在通过充分的激励后，所发挥的作用相当于激励前的3至4倍。因此，只有学会了自我激励，才能不断地战胜自我，真正成为自己命运的主人。

自我激励是人生中一笔弥足珍贵的财富，是人前行的无穷动力。一旦你拥有了自我激励的动力，你的生命就插上了美丽的翅膀，它将带着你展翅翱翔，创造属于你自己的人生辉煌。

事实上，在我们每个人的生命里，潜藏着一种神秘而有趣的力量，那就是自我激励。自我激励是一个人事业成功的推动力，其实质则是一个人把握自己命运的能力，我们要有健康的心理，善于运用一定方法自我激励。

以下方法可以帮你实现自我激励，塑造自我，塑造那个你一直梦寐以求的自我：

1、保持良好的心态。良好的心态，有助于摆脱挫折感，在受挫折时不断地给自己好的心理暗示，多想一些让自己兴奋和开心的事情，多想想事情的积极性的一面。

2、调高目标。真正能激励你奋发向上的是：确立一个既宏伟又具体的远大目标。许多人惊奇发现，他们之所以达不到自己孜孜以求的目标，是因为他们的主要目标太小，而且太模糊，使自己失去主动力。如果你的主要目标不能激发你的想象力，目标的实现就会遥遥无期。

3、把握好情绪。人开心的时候，体内就会发生奇妙的变化，从而获得阵阵新的动力和力量。但是，不要总想在自身之外寻开心。令你开心的事不在别处，就在你身上。因此，找出自身的情绪高涨期用来不断激励自己。

4、适当给自己奖励。当自己完成一个阶段性的任务，或取得阶段性成果的时候，要给予自己适当的奖励，以保证自己的状态，同时展望下一个目标时，对自己许下一个愿望，如果能够达成，如何给自己奖励，以保证自己的激情。

第八章　在输得起的年纪，遇见不服输的自己

唤醒你的潜能，生命就有另一种可能

在很久以前，世上的人都有神力。可是人们滥用他们的神力，所以造物主决定剥夺人类所拥有的神力，并把它藏在一个不容易被发掘的地方。那么，究竟要将这个神力潜藏在什么地方呢？

造物主将众神召唤到一起议讨论这个问题，众神建议说：把神力潜藏在陆地上的某处。造物主摇头否决了这项提议，他说："不，这太轻易了。一定会有人挖遍整个陆地找到它的。"

"即便这样，不如把它藏到海底深处。"众神又说。

但是被造物主再次否决了，"不，因为人们迟早也会搜遍海底的每一个角落。"他说。

诸神实在不能找出一个能够避开人类的地方。

造物主想了想说："那我们就把神力潜藏在每个人的内心深处吧，因为那是他们唯一想不到去寻找的地方。"

从那之后，人们寻遍陆地与海底的每个角落，去寻找那就在自己内心的能量。

可见，每个人内心深处都藏着巨大的潜能，如同一座蕴藏丰富的金矿，等待着我们去开发。

每一个人都有相当大的潜能。据研究发现，那些被世人称为天才者，为人类做出突出贡献者，只不过是开发了他们的潜能而已。20世纪的科学巨匠爱因斯坦，在他死后，科学家对他的大脑进行了研究。结果表明，他的大脑无论是体积、重量、构造或细胞组织，与同龄的其他人一样，没有区别。这说明，爱因斯坦事业的成功，并不在于他的大脑与众不同，而是在于他开发了自己的潜能。

任何成功者都不是天生的，成功的根本原因是开发了人的无穷无尽的潜能。爱迪生曾经说："如果我们做出所有我们能做的事情，我们毫无疑问地会使我们自己大吃一惊。"美国学者詹姆斯根据其研究成果指出："普通人只开发了自己身上所蕴藏能力的1/10，与应当取得的成就相比较起来，每个人不过是半醒着的。"是的，每个人的自身都是一座宝藏，都蕴藏着大自然赐予的巨大潜能，只是由于没有进行各种潜能训练，使得我们没有机会将内在的潜能淋漓尽致地发挥出来。在我们身上没有得到开发的潜能，就犹如一位熟睡的巨人，一旦受到激发，便能发挥"点石成金"的力量。

每个人都隐藏着惊人的潜能，任其埋没，就会平庸一生；激发潜能，就能辉煌一生。罗斯福曾经说过："杰出的人不是那些天赋很高的人，而是那些把自己的才能尽可能发挥到最高限度的人。"人的潜能是巨大的，一个人只有具备积极的自我意识，才会知道自己是个什么样的人，并知道能够成为什么样的人，从而他才能积极地开发和利用自己身上的巨大潜能，将不可能的事变成可能，干出非凡的事业来。

一位已被医生确定为残废的德国人，名叫马塞耐，靠轮椅代步已12年。他原来身体很健康，19岁那年，他为了家族的利益和别人格斗时负了伤，经过治疗，他虽然康复，但却没法行走了。他整天坐着轮椅，觉得此生已经完结，有时就借酒消愁。有一天，他从酒馆出来，照常坐轮椅回家，却碰上三个劫匪，动手抢他的钱包。他拼命地呐喊，拼命地抵抗，这一下激怒了劫匪，他们没想到一个残疾人在他们面前竟敢反抗，于是劫匪拖住他的轮椅，摔在一边，并放火烧他的轮椅。看着轮椅燃起的火焰，这伙劫匪纵声大笑。看着自己的轮椅被烧，趴在地上的马塞耐痛苦不已。他越是痛苦，劫匪越是兴奋。劫匪们决定好好地羞辱他一番。他们站在离马塞耐几米开外的地方，对他喊道："你要是能走到这儿，我们不但还你钱包，还给你磕头，小伙子，怎么样？"

马塞耐悲愤交加，忘记了自己是残疾，双手一撑，居然从地上站了起来，拼命地向劫匪扑去。劫匪吓得目瞪口呆，也许他们觉得这太不可思议了，赶紧丢下钱包跑了。令人惊奇的是，马塞耐从此甩掉了轮椅，奇迹般地康复了。

马塞耐悟出了一个道理，那就是人身上蕴藏着无穷无尽的潜能，要不是劫匪刺激，恐怕自己要在轮椅上呆一辈子。既然能立起来，他也可以干出一番事业来，他相信自己身上潜藏着的能力。他想经商，但他父母不同意，邻居们一听哈哈大笑，说他在轮椅上呆了这么多年，很多事情都不了解，现在残疾居然好了，那是上帝的恩赐，要去经商，不是浪费金钱，白费力气吗？父母也坚决不同意，他们要求儿子跟随自己在农场干活，别去冒险经商，还给儿子列举了许多经商失败的例子。谁知，儿子执意要经商。马塞耐的执著激怒了父母，他们和马塞耐脱离了关系。马塞耐虽然很难过，但经商的意念毫不动摇，他相信他既然能站起来，因为是侮辱激发了他体内的潜能，现在去经商，成功的渴望也同样会激发他体内的潜能，他要干出一点成就让他们看看。后来他果然成为德国赫赫有名的商业大亨。当人们向他讨教成功的经验时，马塞耐说：“人体内蕴藏着无穷无尽的潜能，只要你用一种方式把它开发出来，你离成功也就为时不远了。”很显然，马塞耐的成功要感谢那些邻居们的嘲笑，父母执著的拒绝，正是他们的刺激开发了他体内的潜能，就像那劫匪的侮辱刺激他站起来一样，成功是对这些嘲笑和侮辱的最好的回答。

任何成功者都不是天生的，成功的根本原因是开发了人的无穷无尽的潜能。每一个人的内部都有相当大的潜能。爱迪生曾经说：“如果我们做出所有我们能做的事情，我们毫无疑问地会使我们自己大吃一惊。”激发人的潜能就是为了使我们的能力和聪明才智充分的发挥出来，为我们的生活，学习，工作打下坚实的基础，使我们在人生的道路上不断的超越自我，挑战自我，充分体现自我的人生价值，创造美好的人生！

不断挑战自我，超越自我

人生最大的挑战就是挑战自己，这是因为其他敌人都容易战胜，惟独自己是最难战胜的。有位作家说得好：“自己把自己说服了，是一种理智的胜利；自己被自己感动了，是一种心灵的升华；自己把自己征服了，是一种人生的成熟。大凡说服了，感动了，征服了自己的人，就有力量征服一切挫折、痛苦和不幸。”

有个失败者前去向一位成功者取经，交谈的过程非常顺利，成功者夸夸其谈，谈了很多他在成功道路上曾遇到的挫折，曾经历过的磨难。其曲折的经历令失败者唏嘘不已。交谈快要结束时，那位成功者告诉失败者，虽然我经历过很多的曲折，遇到过很多的对手，可是你知道对我而言最大的敌人是谁吗？失败者茫然无措不知如何回答好。那位成功者笑着说："现在，对我来说，我最大的敌人就是我自己，我最大的挑战也是我自己。只要我战胜了自己，我就有可能取得比现在更辉煌的成就。"事实证明，这位成功者所说的话是对的，因为没过几年，他确实再一次取得了成功，把曾经的成就远远地甩在了后面！

一个人要想拥有更大的成功，就要时刻提醒自己：超越自我，超越昨天。我们不要总是把目光盯着自己的竞争对手。也不需要为自己曾经的失败而深深自责，我们需要做的，就是直面自我，战胜自我。

一位武学高手在一场典礼中，跪在武学宗师的面前，正准备接受得来不易的黑带。经过多年的严格训练，这个徒弟武功不断精进，终于可以在这门武学里出人头地了。

"在颁给你黑带之前，你必须再通过一个考验。"武学宗师说。

"我准备好了。"徒弟答道，心中以为可能是最后一回合的拳术考试。

"你必须回答最基本的问题：黑带的真义是什么？"

"是我学武历程的结束，"徒弟不假思索地回答："是我辛苦练功应该得到的奖励。"

武学宗师等了一会儿，他显然不满意徒弟的回答，他开口了："你还没有到拿到黑带的时候，一年后再来。"

一年后，徒弟再次跪在武学宗师面前。

"黑带的真义是什么？"宗师问。

“是本门武学中杰出和最高成就的象征。”徒弟说。

武学宗师等着，过了好几分钟都没有说话，显然他还不满意，最后他说道：“你还没有到拿到黑带的时候，一年后再来。”

一年后，徒弟又跪在武学宗师面前。

“黑带的真义是什么？”

“黑带代表开始，代表无休止的纪律、奋斗和追求更高标准的历程起点。”

“好，你已经准备就绪，可以接受黑带和开始奋斗了。”

人生是一个不断发展，不断超越自我的过程，而只有那些在这个过程中不断自我挑战的人，才是真正的胜者。

挑战自我是生命的要求。人活在世上，不能只贪图安逸享受。慵懒自私的人，永远也享受不到人生的真正乐趣。只有努力创造，全力拼搏，不断超越，才能在激烈的竞争中占有自己的位置，使生命的碰撞发出耀眼的火花。

加州大学洛杉矶分校的传奇教练约翰·伍登在上个世纪60年代中期到70年代末的14年内，领着他的弟子在大专杯比赛中捧回了10次冠军杯。信不信由你，这位超人教练并没有什么魔法“点化”那些略有才华或是本来对篮球一窍不通的稚嫩青年，而是他在自己的内心中，一次又一次地将自己作为竞争对手，一次又一次地同自己过去的辉煌在较量。与此同时，他的训练方式也沿袭了这个做法，他从不要求队员们看待其他球队怎样怎样，只要他们全心全意地尽自己最大努力去练习，去超越每一个阶段上的自己。

所以，他成功了，他的队员也成功了。奇迹并不总是幸运地光顾他的生活，而是他引领着自己走向人生的一个又一个奇迹。

人生最大的困难就是超越自己，这是因为其他困难都容易解决，唯独自己是最难超越的。高尔基曾经说过：“人生中最大的胜利就是战胜自己。”

人生是一条奔腾不息的河流，永远不会停留在一个地方，也不会停留在某一阶段，它需要不断地挑战。挑战，是升华，是突变，是人生不可缺少的阶段。正是这种挑战，才使人类从愚昧无知的远古走到文明昌盛的今天。

在美国，有一个年轻人，大学毕业后，他没有像其他同学一样去找工作，而是选择了创业。他心里有一个很好的项目，可是真要实施需要一大笔资金，这该怎么办？他找自己的父母，自己的朋友们，分别游说他们，告诉他们这个项目非常有前途。终于，半年之后，他有了足够的资金，公司很快就成立了。果然不出所料，效益非常好，他们所生产的产品总是供不应求！如果照这个形势发展下去，不到两年的时间他一定能赚大钱。就在他为自己即将取得成功而兴奋异常的时候，二战爆发了！

由于战争的原因，公司生产的产品竟然找不到销路，最关键的是，公司的生产原料没有了，因为那是战备物资之一。最后，他的公司只能宣告破产。在很长一段时间内，这个年轻人都无法从失败的痛苦中自拔出来。可是他知道，自己必须重新振作起来，虽然自己失败了，可是因为受战事影响，很多企业都关闭了，也就是说失败的不是他一个人，为什么别人都照样很好地生活，而自己不能呢？他穿着整洁的走出自己的房间，发现春天来了，万物生机，阳光灿烂，树木依然茁壮成长，一切一切人生是属于我自己的，既然我无法改变社会，那么我为什么不改变自己呢？于是，他重新振作，开始快乐地对待每一天。也许很多人都不会想到，这个人后来居然拥有了一家比他当初所拥有的公司还要大的公司，每一年的营业额都要达到数千万美元。在他办公室的墙壁上贴着这样一句话：战胜自己！

生活就是不停超越自己走向新生的过程。如果你要想活出精彩就要随时作好超越自己的准备。战胜自己的过程可以使一个人成长起来，战胜自己的过程可以使一个人发觉自己身上的无限潜能，战胜自己的过程可以使一个人意识到自己的重要。

汪国真曾说过：“悲观的人，先被自己打败，然后才被生活打败；乐观的人，先战胜自己，然后才战胜生活。”因此，当遭遇困难挫折的时候，我们一定要战胜自我，因为只的战胜了自我，才能战胜一切的不顺，赢得自由和光明！

改变不了事情，你可以改变态度

无论一个人多么有能力，如果缺乏好的心态，就什么事都做不成，良好心态的能量是巨大的，也是动力产生的源泉。有了它，我们就能把握自己的命运，在人生的道路上勇往直前！

人生的成败，取决于多种因素，心态在其中起着重要的作用，一种是积极的心态，一种是消极的心态。而积极与消极之间的距离可以说很小，小到只在一念之间，但后果的差异却是十分巨大的，这个差距就是成功与失败的差距。积极的心态会让你变得越来越优秀，越来越成功；消极的心态则会让你变得越来越颓废，越来越失败。所以，选择了积极的心态，就等于选择了成功的希望；选择消极的心态，就注定要走入失败的沼泽。要想成功，想把美梦变成现实，就必须懂得“心态决定命运”这一条人生哲理。

前段时间，我有一个朋友失业了。他是突然被炒鱿鱼的，而且老板未做任何解释，惟一的理由是公司的政策有变化，不再需要他了。更令他难以接受的是，就在几个月以前，另一家公司还想以优厚的条件将他挖走，当时他把这事告诉了他的老板，老板极力地挽留他说：“我们更需要你！而且，我们会给你一个更好的前景。”

而现在，他却落到了如此田地，可想而知他是多么痛苦。一种不被人需要，被人拒绝以及不安全的情绪一直缠绕着他，他不时地徘徊、挣扎，自尊心深受损害，一个原来能干的人变得消沉沮丧、愤世嫉俗。他时刻抱怨自己特别倒霉。

有一天，他来我家做客。在我的书架上，他无意中看到《积极心态的力量》这本书。看过一遍后，开始思考，他目前这种状况是否也存在一些积极的因素呢？他不知道，但他发现了许多消极负面的情绪，这些负面因素是使他一蹶不振的主要原因。他也意识到一点，要想发挥积极思考的作用，自己首先必须做到一点——排除消极的情绪。

没错！这便是他必须着手开始的地方。于是他开始改变思维方式，摈除消极的情绪，代之以积极的思想，使自己心灵复苏。他开始不断激励自己：“我相信一切都会好起来的。我不能再抱怨自己的遭遇，我要努力改变自己的现状。”此后，他不再对老板愤愤不已，他认为，如果自己身为老板，也许会不得不如此。当他如此考虑之后，自己的整个心态完全变了，他又找到了自己的工作，他觉得自己特别幸运。

人生的成功与失败、幸运与倒霉，完全在于你的心态，选择积极的心态，寻找属于你自己的幸运，每一个人都能够做到。一位伟人说：“要么你去驾驭生命，要么是生命驾驭你。你的心态决定谁是坐骑，谁是骑师。”一个人具有什么样的心态，他就可以成为一个什么样的人，他就拥有一个怎样的人生。如果你是一个能保持积极的心态，能掌握自己的思想，并引导它为自己的生活目标服务的人，你就能够获得成功。

成功学大师戴尔·卡耐基说过：“人与人之间只有很小的差异，很小的差异却造成了巨大的差异。这很小的差异就是心态，巨大的差异就是不同心态产生的结果。”马斯洛曾这样说：“心若改变，你的态度就会跟着改变；态度改变，你的习惯就会跟着改变；习惯改变，你的性格就会跟着改变；性格改变，你的人生就会跟着改变。”有人说过：“当一个人的态度明确时，他的各种才能就会发挥最大的效用，因而产生良好的效果。”态度不同会使结果不同。

人生的方向是由“态度”来决定的，其好坏足以明确我们构筑的人生的优劣。一个人要想让自己生活得更好，首先你就得让自己的心态处在一种积极活跃的状态。积极的心态是人生的黄金定律，一个积极心态者常能心存光明远景，即使身陷困境，也能以愉悦和创造性的态度走出困境，迎向光明。

琼是一个不到二十岁的女孩，在父亲的农场工作。她身体很健康，工作也很努力。但是，农场并没有让她发财，但日子还过得下去。

可是，有一天，突然间发生了一件事情，使琼一下子陷入了困境。琼患了全身麻痹症，卧床不起，几乎失去了生活能力。她的亲戚们都确信：她将永远成为一个失去希望、失去幸福的病人。她可能再不会有什么作为了。

但她能思考，她确实在思考，在计划。有一天她做出了自己的计划。她把她的计划讲给家人听。“我再不能劳动了，”她说，“如果你们愿意的话，你们每个人都可以代替我的手、足和身体。让我们把农场每一块可耕的地都种上玉米，然后我们养猪，用所收的玉米喂猪。当我们的猪还幼小肉嫩时，我们把它宰掉，做成香肠，然后把香肠包装起来，注册一种商标出售。我们可以在全国各地的零售店出售这种香肠。”她接着说道：“这种香肠可以像热糕点一样出售。”

这种香肠确实像热糕点一样出售了！几年后，名为“琼仔猪香肠”的食品竟成了家庭的必备食品，成了最能引起人们食欲的一种食品。

琼利用自己的大脑，然后借用别人的手，依然干出了自己的一番事业。琼用什么方法创造了这种变化呢？她应用了“积极心态”的办法。是的，她的身体是麻痹了，但是她的心理并未受到影响。

琼积极的心态使她满怀希望，怀抱乐观精神和愉快情绪，把创造性的思考变为现实。她要成为有用的人，而不要成为家庭的负担。

一个人幸福与否和心态有着密切的关系。人生不可能是一帆风顺的，挫折和失败都会不期而遇，幸运和厄运同样令人刻骨铭心难以忘怀。无论身处顺境还是逆境，改变了心态的人就改变了对生活的追求，有了追求就有奋发向上的斗志，奋斗的结果就是硕果累累，幸福满园。

人生最灰暗的时刻，是你放弃自己的那一刻

不管做什么事，只要放弃了，就没有成功的机会；不放弃，就会一直拥有成功的希望。如果你有99%想要成功的欲望，却有1%想要放弃的念头，这样也只能与成功擦肩而过。

不幸的是世界上有太多的放弃者。做什么事都会有挫折与困难，一遇到挫折与困难就放弃，有人一次就放弃，有的人两次后放弃，也有的人坚持到五次后放弃，不管几次，放弃的结果是一样的——失败。失败几次不要紧，只要不放弃，就只有一种结果——成功。

如果你参观过开罗博物馆，你会看到从图坦·卡蒙法老王墓挖出的宝藏，令人目不暇接。庞大建筑物的第二层楼大

部分放的都是灿烂夺目的宝藏：黄金、珍贵的珠宝、饰品、大理石容器、战车、象牙与黄金棺木，巧夺天工的工艺至今仍无人能及。但如果不是露华德·卡特决定再多挖一天，这些不可思议的宝藏也许仍在地下不见天日。

1922年的冬天，卡特几乎放弃了可以找到年轻法老王坟墓的希望，他的赞助者即将取消赞助。卡特在自转中写道：

“这将是我们待在山谷中的最后一季，我们已经挖掘了整整六季了，春去秋来毫无所获。我们一鼓作气工作了好几个月都没有发现什么，只有挖掘者才能体会这种彻底的绝望感；我们几乎已经认定自己被打败了，正准备离开山谷到别的地方去碰碰运气。然而，要不是我们最后垂死的一锤努力，我们永远也不会发现这远超出我们梦想所及的宝藏。”

露华德·卡特最后垂死的努力成了全世界的头条新闻，他发现了近代唯一一个完整出土的法老王坟墓。

这个故事向我们昭示：只要不放弃，就会有成功的机会；只要努力地奔跑着，就会有成功的希望。成功没有捷径，也没有任何秘诀，只需有不怕失败的决心和坚强的毅力。人生有了目标，便有了成功的渴望。成功不是一帆风顺的，在我们遭遇困难的时候，绝不轻言放弃。俗话说“水滴石穿，绳锯木断”，成功的路上贵在持之以恒、百折不挠、屡败屡战，直到抵达成功的彼岸。

其实，成功往往就在你想放弃的下一刻出现，如果你停止努力，就永远不可能享受到成功的果实，只能在成功的面前徒留遗憾。做事只要持之以恒，不轻言放弃，就会有意想不到的收获！

史泰龙在未成名之时，身上只有100美元和一部根据自己悲惨童年生活写成的剧本《洛奇》。于是他挨家挨户地拜访了好莱坞的所有电影制片公司，寻求演出的机会。当时好莱坞总共有五百家制片公司，史泰龙逐一拜访过后，没有任何一家公司愿意录用他。史泰龙面对五百次冷酷的拒绝，他毫不灰心，回过头来，又从第一家开始，挨家挨户地自我推荐。第二轮拜访，好莱坞的五百家公司，仍然没有一家肯录用他。史泰龙没有放弃希望，他坚信“没有所谓的失败，只是暂时不成功而已”。他把1000次的拒绝，当作是绝佳的经验。接着他又鼓励自己从1001次开始。后来又经过多次上门求职，总共经历了1855次严酷的拒绝，他的毅力终于感动了“胜利女神”——“我不忍心再看你拼命了，你耗尽了多少汗水，我就给你多少喜悦吧！”终于有一家电影制片公司同意采用他的剧本，并聘请他担任自己剧本中的男主角。

史泰龙的希望“兑现了”，电影《洛奇》一炮打响，他成了超级巨星，美国新一代的英雄偶像。

史泰龙的事例告诉我们，面对失败，只要不放弃，总会有成功的机会。

命运全在搏击，奋斗就是希望。失败只有一种，那就是放弃。在困难面前，永远不要轻易说放弃。放弃必然导致彻底的失败。而不放弃，总会找到解决的办法，总会有所收获。所以，无论遇到什么困难，我们永远都不要轻易放弃！不放弃，是你跃过峻岭沟壑的勇气，涉过激流险滩的毅力，拥有了它，你会走出今日的困惑，拥有了它，你便拥有了一个光辉灿烂的明天。

世上的事，只要不断努力去做，就能战胜一切。哪怕事情再苦、再难，只要我们不放弃，只要我们“再坚持一下”，我们就有希望，就有成功的可能。

世人缺乏的是毅力，而非气力

俗话说：“能登上金字塔的只有两种生命：雄鹰和蜗牛。”雄鹰是靠飞行，很容易就上去了，而蜗牛是靠毅力一点一点爬上去的。

毅力是人的一种心理忍耐力，是一个人完成学习、工作、事业的持久力。当它与人的期望、目标结合起来后，它就会发挥巨大的作用。要实现远大的理想，就必须增强你的毅力。没有毅力，理想就无法实现，没有理想，毅力就无从产生，这两者是相互依存的。

历史上大凡有成就的人，无不在事业上具有顽强的毅力，一步一个脚印，踏踏实实，向着既定的目标，义无反顾地迈进，从而成就美好的理想。

蒙提·罗伯兹在圣思多罗有座牧马场，他借用自己宽敞的住宅举办募款活动，以便为帮助青少年的计划筹备基金。

有一次活动时，他在致词中提到，他让杰克借用住宅是有原因的。这故事跟一个小男孩有关，他的父亲是位马术师，他从小就必须跟着父亲东奔西跑，一个马厩接着一个马厩，一个农场接着一个农场地去训练马匹。由于经常四处奔波，男孩的求学过程并不顺利。初中时，有次老师叫全班同学写报告，题目是《长大后的志愿》。

那晚他用心地写了7张纸，描述自己的伟大志愿，那就是他想拥有一座属于自己的牧马农场，并且仔细画了一张200亩农场的设计图，上面标有马厩、跑道等的位置，然后在这一大片农场中央，还要建造一栋占地400平方英尺的巨宅。

他花了大量的心血把报告完成，第二天他交给了老师。两天后他拿回了报告，第一面上打了一个又红又大的F，旁边还写了一行字：下课后来见我。

他脑中充满幻想，下课后带着报告去找老师："为什么给我不及格？"老师回答道："你年纪轻轻，不要老做白日梦。你没钱，没家庭背景，什么都没有。盖座农场可是个花钱的大工程；你要花钱买地、花钱买纯种马匹、花钱照顾它们。你别太好高骛远了。"老师接着又说："你如果肯重写一个比较不离谱的志愿，我会重打你的分数。"

这男孩回家后反复思量了好几次，然后征询父亲的意见。父亲只是告诉他："儿子，这是非常重要的决定，你必须拿定主意。"

再三考虑好几天后，他决定原稿交回，一个字都没做改动。他告诉老师："即使拿个大红字，我也不愿放弃梦想。"

蒙提此时向众人表示："我提起这故事，是因为各位现在就坐在200亩农场内，坐在占地4000平方英尺的豪华住宅中。那份初中时写的报告我至今还留着。"他顿了一下又说"有意思的是，两年前的夏天，那老师带了30个学生来我的农场露营一星期。离开之前，他对我说：'说来有些惭愧。你读初中时，我曾泼过你的冷水。这些年来，我也对不少学生说过相同的话。幸亏你有这个毅力坚持自己的梦想。'"

实践证明，所谓强者就是一个有坚强意志、顽强毅力、遇挫不挠、遇折不断的人。

毅力也称意志或坚持力，是成才者必须具备的重要品质之一。西方有一句谚语：“有毅力的人，能从磐石里挤出水来。”安格尔认为：“所有坚忍不拔的努力迟早会取得回报的。”这些都说明了毅力的重要性。狄更斯认为：“顽强的毅力可以征服世界上任何一座高峰。”富兰克林认为：“唯坚忍者始能遂其志。”马克·吐温则认为：“人的思想是了不起的，只要专注于某一项事业，就一定会做出使自己感到吃惊的成绩来。”从这些名人的格言中，我们可以体会到，毅力对于事业的成功具有多么重要的意义。

成功需要顽强的毅力，具有顽强的毅力就等于向成功迈进了一大步。只要我们具有顽强的毅力，再高的山也能攀登；再汹涌的海也能渡越；再艰巨的任务也能完成。

张海迪，这个名字伴随着现在多数青年人长大，她是整整一个时代的偶像，曾一度被外媒认为是顺应时代需要造出的典型。多年以后，张海迪平静地说，“我自己塑造了自己”。时势只是造就了一个舞台，而真正让她翩然起舞的，是内心的强大力量和对信念的坚守。她的身上时刻透射出一种顽强坚毅的魅力。

张海迪5岁便因患脊髓血管瘤造成高位截瘫，10岁之前，她已经动过三次大手术。她比曲乐恒、桑兰更早远离正常人的生活。

1976年，张海迪第四次脊椎手术后，医生甚至设想了她会死去的几种可能：肺炎，泌尿系统感染，褥疮——这是脊髓损伤病人最可能死去的症状。“可我依然活着。”若干年后成为作家的张海迪宣称，她的生命力一次次粉碎了医生的预言。

很早时，海迪就给自己“开处方”，她知道怎么预防感染，把自己收拾得很干净，条件再差也要洗头洗澡，晒衣服晒被褥。

她会给自己针灸、注射、按摩，给褥疮换药。看不见的地方就照着镜子。“我想尽一切办法让自己好起来。”

最重要的是，她说自己“学会了有病装没病，有残疾装没有残疾”。

她像健康人一样穿着，虽然搬动双腿很费力，可努力就能做到。她像健康女性一样打扮自己，整齐干净。即使躺在病床上，也要挣扎着让自己整洁清爽。

多年后，张海迪见到了她童年时的主治医师张成，她的状态令张成惊愕不已，他没想到海迪仍活着。个中原因，他无论如何也未能参透。这位主治医师只是不停地说，乐观顽强是关键。

不仅如此，张海迪还在病床上、轮椅上学完了小学、中学全部课程，自学了大学英语、日语、德语和世界语，并攻读了大学和硕士研究生课程。如今的张海迪已是哲学硕士，并成为了一名中共党员。在她的头上还有山东省作家协会创作室一级作家，第九届、第十届全国政协委员，中国残疾人联合会主席团主席，中国作家协会全国委员会委员，山东省作家协会副主席等头衔。

在残酷的命运挑战面前，张海迪没有沮丧和沉沦，以坚强的毅力和恒心与疾病作斗争，经受了严峻的考验，对人生充满了信心，影响了一代女性。

古人曰：“锲而舍之，朽木不折；锲而不舍，金石可镂”。顽强的毅力是取得成功的最好秘诀，没有顽强毅力的人将一事无成。

毅力能够决定我们在面对困难、失败、诱惑时的态度，看看我们是倒了下去还是屹立不动。如果你想重振事业、如果你想把任何事做到底，单单靠着“一时的热劲”是不成的，你一定得具备毅力方能成事，因为那是你产生行动的动力源头，能把你推向任何想追求的目标。具备毅力的人，他的行动必然前后一致，不达目标绝不罢休。

在人生的道路上，总会出现许多的坎坷和不平，当我们遇到困难和挫折的时候，我们要用毅力和智慧去征服它，只有这样，才能顺利地到达成功的彼岸。

坚持到山穷水尽，终迎来柳暗花明

在现实生活中，人人都想成功，出人头地，但大部分人都不能正视前进途中的困难，稍有挫折，就会退缩。殊不知，放弃就等于半途而废，唯有坚持才能胜利。法国生物学家巴斯德说过：“告诉你使我成功的奥秘吧，我唯一的力量就是我的坚持精神。”

人人都渴望成功，人人都想得到成功的秘诀，然而成功并非唾手可得。我们常常忘记，即使是最简单最容易的事，如果不能坚持下去，成功的大门也绝不会轻易地开启。除了坚持不懈，成功并没有其他秘诀。

美国玛丽·凯化妆品公司的董事长玛丽·凯是一个大器晚成的成功女性。在创业初，她历经过失败，承受了很大痛苦。走了不少弯路。但她从来不灰心，不泄气，用坚忍成就了自己的辉煌。

20世纪60年代初期，已退休在家的玛丽，凯不满足于寂寞无聊的生活，突然决定再拼搏一番。经过慎重而仔细的思考。她用一辈子的积蓄5千美元作为全部资本。创办玛丽·凯化妆品公司。

为了帮助母亲实现自己的理想，两个儿子一个辞去一家月薪500美元的人寿保险公司代理商，另一个也辞去了休斯敦月薪800美元的职务。加入到母亲创办的公司中来，宁愿只拿250美元的月薪。玛丽·凯明白，这是背水一战，是在进行一次人生中的大赌博，只能成功，不能失败，否则，不仅自己一辈子辛辛苦苦的积蓄将血本无归，而且还可能连累两个儿子。

在公司创建后的第一次展销会上，她隆重推出了一系列功效奇特的护肤品，她充满信心，认为这次活动会引起轰动，一举成功。可是，她的如意算盘落空了，整个展销会下来，她的公司只卖出去1.5美元的产品。意想不到的残酷打击使她失声痛哭起来……

这次惨败。迫使她对自己进行反思。

她经过认真的分析。终于找到问题所在：在展销会上。她的公司从来没有主动请别人来订货，也没有向外发订单，而是希望女人们自己上门来买她的护肤品……难怪展销会是如此的结果，守株待兔让她付出惨重的代价。

商场就是战场，从来不相信眼泪，哭是不会哭出成功来的。玛丽擦干眼泪，从这次失败中站了起来，在抓生产管理的同时，加强了销售队伍的建设……经过20年的苦心经营，玛丽，凯化妆品公司由初创时的9个人发展到现在的5千多人：由一个家庭小公司成长为一个国际性的大公司。拥有一支20万人的营销队伍，年销售额超过3亿美元。

玛丽·凯终于实现了自己的梦想。是坚忍的毅力把她推向成功，是坚定的信念、永不放弃的品格引导她走向辉煌。

成功的人都有一种坚忍不拔的毅力。而坚强的毅力，来源于对远大目标的执著、渴望和对自己克服困难、战胜逆境的信心，无论是走路还是做事，大部分人都喜欢走直线，不喜欢走曲线，但是现实环境有时让我们遭受挫折，走一段弯路，这时候，就要求我们鼓起勇气，不要气馁，不要中途自暴自弃，过程的曲折并不代表失败，只要我们锐意进取，以百折不回的精神向前进，终于会有一天摆脱逆境的困扰。

在事物发展的道路上，总有一些转折点，面临这种突破之前，往往是最困难、最艰巨的时刻，这种时刻，我们一定要判断形势，确定方向，无论情况多么严峻，也决不轻易放弃，因为只要坚持到底，渡过难关，就会出现“山穷水尽疑无路，柳暗花明又一村”的奇景。

阿利克斯·哈利一直梦想成为一名自由作家，为此，他离开工作了20年的海岸卫队，来到了纽约。在纽约，哈利只认识乔治·西姆，他们是在田纳西州的海宁市一起长大的伙伴。

哈利租住了一间储藏室居住，这间小屋又阴又冷，而且没有浴室，但他并不在乎这些。哈利赶紧买了一台旧的打字机，开始了写作生活。

大约过了一年，哈利在写作上仍然没有什么突破，哈利有点儿怀疑自己的能力了。推出一篇作品是那么难，挣的钱勉强能糊口。但哈利坚持他多年的梦想，继续为之奋斗，即使前方的路充满失败的恐惧与坎坷。在那些日子里，希望就像幻影一样渺茫，大凡每个渴望成功的人，都领略过这种希冀与焦虑搅和在一起的滋味。

哈利希望境况马上好转，但并不如愿。感谢上帝，幸好乔治帮助哈利暂时地渡过了难关。

通过乔治，哈利认识了纽约的一些艺术家，他们也在为成功、为实现自己的梦想苦苦奋斗。例如，约·戴乐尼，他是位绘画能手，但他总是缺吃少穿的，每逢这时，他就去临街的屠户那儿要个大骨头——尽管上面仅挂着一星半点儿肉，再从杂货铺那儿要点儿蔫菜叶，约用这两样东西就能做上一顿可口的家乡汤喝。

还有一位同村人是年轻英俊的歌唱家，他努力经营着一家餐馆。据说，如果有位顾客想吃一份牛排，他马上就会跑到街那头的超级市场买来。他的名字叫哈利·贝勒弗特。

像戴乐尼和贝勒弗特这样的人给哈利树立了榜样，使他懂得了要实现梦想，就必须做出一些牺牲，并要想尽办法维持生计。这就是在成功的幻影下生活的全部内容。

吸取教训后，哈利渐渐开始出售一些文章。哈利写了些当时大家所关注的问题，例如民权、美国黑人和非洲黑人等。就像鸟儿南飞，哈利的思绪也回到了他的童年，在他那间静静的小屋里，哈利仿佛又听见了奶奶、表姐乔治亚、还有姑妈普拉斯和丽兹的声音，仿佛又听到她们讲述其家族和奴隶制度的故事。

这些故事都是美国黑人过去忌讳谈及的，哈利向来只把它们埋在心底，并留在了记忆里。但是，有一天在和《读者文摘》的编辑们吃午饭时，哈利向他们讲述了他奶奶还有其他人给他讲过的故事，哈利还告诉他们，他想写一部家族史，从他的家族中被贩运到美国的第一代人写起。就这样，午饭后他拿到了一份合同，他们保证给哈利9年的生活费用，让哈利专门从事研究与写作。

实现梦想是漫长而艰难的跋涉。就在哈利离开海岸警卫队第17年，也就是1976年，坚持终于让他获得了成功，他的作品《根》发表了。一瞬间，哈利成为美国家喻户晓的人物，以前所有的疑惧，今天都变成了人们对他的赞誉。

生活中，很多事情并不会按照我们预想的方式发展，很多不期而遇的苦难给予强者坚强，给予弱者的则是无限的畏惧和妥协。所以，在“山穷水尽”的时候，只要再坚持一下，就能熬到“柳暗花明”的一天；在“风雪寒冰”的冬日，只要再坚持一下，就能等到“万紫千红”的盛夏。